浙江省鱼类原色图集

原居林◎主编

上册

ATLAS OF FISHES IN ZHEJIANG PROVINCE（VOLUME Ⅰ）

中国农业出版社
北　京

图书在版编目（CIP）数据

浙江省鱼类原色图集．上册 ／ 原居林主编．—北京：中国农业出版社，2023.4
ISBN 978-7-109-30698-1

Ⅰ.①浙…　Ⅱ.①原…　Ⅲ.①鱼类—浙江—图集
Ⅳ.①Q959.408-64

中国国家版本馆CIP数据核字（2023）第087936号

浙江省鱼类原色图集（上册）
ZHEJIANGSHENG YULEI YUANSE TUJI (SHANGCE)

中国农业出版社出版
地址：北京市朝阳区麦子店街18号楼
邮编：100125
责任编辑：王金环
版式设计：小荷博睿　　责任校对：吴丽婷
印刷：北京中科印刷有限公司
版次：2023年4月第1版
印次：2023年4月北京第1次印刷
发行：新华书店北京发行所
开本：787mm × 1092mm　1/12
印张：9
字数：152千字
定价：68.00元

浙江省鱼类原色图集

ATLAS OF FISHES IN ZHEJIANG PROVINCE

（上册）

（VOLUME Ⅰ）

主　　编：原居林

副主编：练青平　　储忝江　　周佳俊

编　　委：郭爱环　　盛鹏程　　张爱菊　　罗　伟

周志明　　陈　伟

前言 FOREWORD

浙江省位于中国东南沿海、长江三角洲南翼，在北纬 27° 02'—31° 11'、东经 118° 01'—123° 10' 之间。境内自北向南有苕溪、运河、钱塘江、甬江、椒江、瓯江、飞云江和鳌江等八大水系，有杭州西湖、宁波东钱湖、绍兴鉴湖、嘉兴南湖及千岛湖、千峡湖等人工湖泊，河流总长 13.78 万千米。河流上、中、下游自然环境多样化，水文地貌千姿百态，饵料生物丰富，适宜多种水生生物栖息、生长和繁殖，鱼类资源十分丰富。根据浙江省淡水水产研究所近年来对钱塘江、甬江、椒江、瓯江等八大水系鱼类资源调查结果，编写了《浙江省鱼类原色图集（上册）》。

本书收录了省内 100 种鱼类的原色图片和文字介绍，隶属于 8 目 19 科 65 属。图片在生态鱼缸中拍摄而成，保留了鱼类原有色彩。文字内容主要根据《中国鲤科鱼类志》（上、下卷）、《浙江动物志（淡水鱼类）》和《千岛湖鱼类资源》等专著及相关研究报道整理。书中还详细介绍了鱼类名称、俗名、形态特征、生活习性和地理分布。

本书收集的原色图片能直观反映省内水域鱼类资源现状，对于科学研究和影像资料的保存有长远的意义。另外，本书可为水产科研人员和学生、渔业管理人员、渔民提供科学参考，进一步促进浙江省水生生物多样性保护工作的开展。

由于水平有限，图集中难免存在一些不当或错误之处，敬请读者批评指正。

原居林

2022 年 5 月

目录 CONTENTS

鲟形目 Acipenseriformes

鲟科 Acipenseridae

中华鲟 *Acipenser sinensis*（Gray，1835） 1

鲱形目 Clupeiformes

鲱科 Clupeidae

刀鲚 *Coilia nasus*（Temminck & Schlegel，1846） 2

胡瓜鱼目 Osmeriformes

香鱼科 Plecoglossidae

香鱼 *Plecoglossus altivelis*（Temminck & Schlegel，1846） 3

银鱼科 Salangidae

大银鱼 *Protosalanx hyalocranius*（Abbott，1901） 4

鲤形目 Cypriniformes

鲤科 Cyprinidae

鿕亚科 Danioninae

马口鱼 *Opsariichthys bidens*（Günther，1873） 5

棘颊鱲 *Zacco acanthogenys*（Boulenger，1901） 6

长鳍马口鱲 *Opsariichthys evolans*（Jordan et Evermann，1902） 7

雅罗鱼亚科 Leuciscinae

尖头大吻鲹 *Rhynchocypris oxycephals*（Sauvage et Dabry de Thiersant，1874） 8

赤眼鳟 *Squaliobarbus curriculus*（Richardson，1846） 9

鳡 *Elopichthys bambusa*（Richardson，1845） 10

鲌亚科 Culterinae

𩾌 *Hemiculter leucisculus*（Basilewsky，1855） 11

伍氏半𩾌 *Hemiculterella wui*（Wang，1935） 12

海南拟𩾌 *Pseudohemiculter hainanensis*（Boulenger，1899） 13

红鳍原鲌 *Chanodichthys erythropterus*（Basilewsky，1855） 14

翘嘴鲌 *Culter alburnus*（Basilewsky，1855） 15

蒙古鲌 *Culter mongolicus mongolius*（Basilewsky，1855） 16

鳊 *Parabramis pekinensis*（Basilewsky，1855） 17

大眼华鳊 *Sinibrama macrops*（Günther，1868） 18

团头鲂 *Megalobrama amblycephala*（Yih，1955） 19

寡鳞飘鱼 *Pseudolaubuca engraulis*（Nichols，1925） 20

似鱎 *Toxabramis swinhonis*（Richardson，1873） 21

鲴亚科 Xenocyprininae

圆吻鲴 *Distoechodon tumirostris*（Peters，1881） 22

黄尾鲴 *Xenocypris davidi*（Bleeker，1871） 23

似鳊 *Pseudobrama simony*（Bleeker，1871） 24

鱊亚科 Acheilognathinae

高体鳑鲏 *Rhodeus ocellatus*（Kner，1866） 25

方氏鳑鲏 *Rhodeus fangi*（Miao，1934） 26

黄腹鳑鲏 *Rhodeus flaviventris* 27
石台鳑鲏 *Rhodeus shitaiensis*（Li & Arai，2011） 28
齐氏田中鳑鲏 *Tanakia chii* 29
大鳍鱊 *Acheilognathus macropterus*（Bleeker，1871） 30
短须鱊 *Acheilognathus barbatulus*（Günther，1873） 31
兴凯鱊 *Acheilognathus chankaensis*（Dybowski，1873） 32
广西鱊 *Acheilognathus meridianus*（Wu，1939） 33
斜方鱊 *Acheilognathus rhombeus*
（Temminck & Schlegel，1846） 34
无须鱊 *Acheilognathus gracilis*（Nichols，1926） 35
彩鱊 *Acheilognathus imberbis*（Günther，1868） 36

鲢亚科 Hypophthalmichthyinae

鲢 *Hypophthalmichthys molitrix*（Valenciennes，1844） 37
鳙 *Aristichthys nobilis*（Richardson，1846） 38

鲃亚科 Barbinae

光唇鱼 *Acrossocheilus fasciatus*（Steindachner，1892） 39
温州光唇鱼 *Acrossocheilus wenchowensis*
（Wang，1935） 40
武夷光唇鱼 *Acrossocheilus wuyiensis*
（Wu & Chen，1981） 41
侧条光唇鱼 *Acrossocheilus parallens*
（Nichols，1931） 42
台湾白甲鱼 *Oncychostoma barbatulum*
（Pellegrin，1908） 43

鲤亚科 Cyprininae

鲮 *Cirrhinus molitorella*
（Cuvier et Valenciennes，1844） 44
鲤 *Cyprinus carpio*（Linnaeus，1758） 45
鲫 *Carassius auratus*（Linnaeus，1758） 46

鮈亚科 Gobininae

唇䱻 *Hemibarbus laleo*（Pallas，1776） 47
花䱻 *Hemibarbus maculates*（Bleeker，1871） 48
长吻䱻 *Hemibarbus longirostris*（Regan，1908） 49
似䱻 *Belligobio nummifer*（Boulenger，1901） 50
似刺鳊鮈 *Paracanthobrama guichenoti*（Bleeker，1871） 51
长麦穗鱼 *Pseudorasbora elongata*（Wu，1939） 52
华鳈 *Sarcocheilichthys sinensis*（Bleeker，1871） 53
小鳈 *Sarcocheilichthys parvus*（Nichols，1930） 54
江西鳈 *Sarcocheilichthys kiangsiensis*（Nichols，1930） 55
黑鳍鳈 *Sarcocheilichthys nigripinnis*（Günther，1868） 56
银鮈 *Squalidus argentatus*
（Sauvage and Dabry de Thiersant，1874） 57
点纹银鮈 *Squalidus wolterstorffi*（Regan，1908） 58
细纹颌须鮈 *Gnathopogon taeniellus*（Nichols，1925） 59
嵊县胡鮈 *Huigobio chenhsienensis*（Fang，1938） 60
小口小鳔鮈 *Microphysogobio microstomus*
（Yue，1995） 61
似鮈 *Pseudogobio vaillanti*（Sauvage，1878） 62
棒花鱼 *Abbottina rivularis*（Basilewsky，1855） 63

鳅鮀亚科 Gobiobotinae

董氏鳅鮀 *Gobiobotia tungi*（Fang，1933） 64

鳅科 Cobitidae

中华花鳅 *Cobitis sinensis*
（Sauvage & Dabry de Thiersant，1874） 65
泥鳅 *Misgurnus anguillicaudatus*（Cantor，1842） 66
大鳞副泥鳅 *Paramisgurnus dabryanus*
（Sauvage，1878） 67

平鳍鳅科 Homalopteridae

斑纹台鳅 *Formosania stigmata*（Nichols，1926） 68
达氏台鳅 *Formosania davidi*（Sauvage，1878） 69
横纹台鳅 *Formosania fasciolata*
（Wang，Fan & Chen，2006） 70
亮斑台鳅 *Formosania galericula* 71
拟腹吸鳅 *Pseudogastromyzon fasciatus*
（Sauvage，1878） 72

纵纹原缨口鳅 *Vanmanenia caldwelli*（Nichols，1925） 73

鲿科 Bagridae

黄颡鱼 *Pseudobagrus fulvidraco*（Richardson，1846） 74

瓦氏黄颡鱼 *Pseudobagrus vachelli*（Richardson，1846） 75

白边拟鲿 *Pseudobagrus albomarginatus*（Rendahl（de），1928） 76

长吻鮠 *Leiocassis longirostris*（Günther，1864） 77

大鳍鳠 *Hemibagrus macropterus*（Bleeker，1870） 78

钝头鮠科 Amblycipitidae

鳗尾鉠 *Liobagrus anguillicauda*（Nichols，1926） 79

鮡科 Sisoridae

中华纹胸鮡 *Glyptothorax sinensis*（Regan，1908） 80

颌针鱼目 Belonifromes

鱵科 Hemirhamphidae

间下鱵 *Hyporhamphus intermedius*（Cantor，1842） 81

鳉形目 Cyprinodontiformes

青鳉科 Oryziatidae

青鳉 *Oryzias latipes*（Temminck et Schlegel，1846） 82

鲉形目 Scorpaeniformes

杜父鱼科 Cottidae

松江鲈 *Trachidermus fasciatus*（Heckel，1837） 83

鲈形目 Perciformes

鮨科 Serranidae

鳜 *Siniperca chuatsi*（Basilewsky，1855） 84

暗鳜 *Siniperca obscura*（Nichols，1930） 85

斑鳜 *Siniperca scherzeri*（Steindachner，1892） 86

波纹鳜 *Siniperca undulata*（Fang et Chong，1932） 87

大眼鳜 *Siniperca kneri*（Garman，1912） 88

长体鳜 *Coreosiniperca roulei*（Wu，1930） 89

塘鳢科 Eleotridae

河川沙塘鳢 *Odontobutis potamophila*（Günther，1868） 90

尖头塘鳢 *Eleotris oxycephala*（Temminck et Schlegel，1845） 91

虾虎鱼科 Gobiidae

戴氏吻虾虎鱼 *Rhinogobius davidi*（Sauvage & Dabry，1874） 92

黑吻虾虎鱼 *Rhinogobius niger*（Huang，Chen & Shao，2016） 93

李氏吻虾虎鱼 *Rhinogobius leaveli*（Herre，1935） 94

密点吻虾虎鱼 *Rhinogobius multimaculatus*（Wu et Zheng，1935） 95

武义吻虾虎鱼 *Rhinogobius wuyiensis*（Li & Zhong，2007） 96

斗鱼科 Belontiidae

叉尾斗鱼 *Macropodus opercularis*（Linnaeus，1758） 97

圆尾斗鱼 *Macropodus ocellatus*（Cantor，1842） 98

鳢科 Channidae

乌鳢 *Channa argus*（Cantor，1842） 99

刺鳅科 Mastacembelidae

中华刺鳅 *Mastacembelus sinensis*（Bleeker，1870） 100

俗名：鲟鳇鱼、鲟鱼

体长形，粗壮，略呈梭形。头较大，呈锥形。吻尖钝向前突出，其基部宽阔，腹部平坦。眼小，侧位。口下位，口裂横十分阔大。上、下颌无齿，能伸缩自如。背鳍位于鱼体后部，与臀鳍上、下相对。腹鳍在背鳍前方，起点约在鱼体腹侧中点。尾鳍微歪形，在其背缘有 1 列棘状鳞。各鳍的鳍条都是不分支的。背部灰褐色，腹侧灰白色。

国家一级保护动物，IUCN 极危，CITES 附录 Ⅱ 保护动物。为洄游性鱼类，栖息于大江河近海中。主要以动物性饵料为食，幼鱼以水生昆虫幼虫及小虾、蟹为食。成鱼以捕食鱼类为主。分布于浙江省沿海及钱塘江和瓯江的河口与下游江段中，近年来，钱塘江和瓯江河口已较难发现。

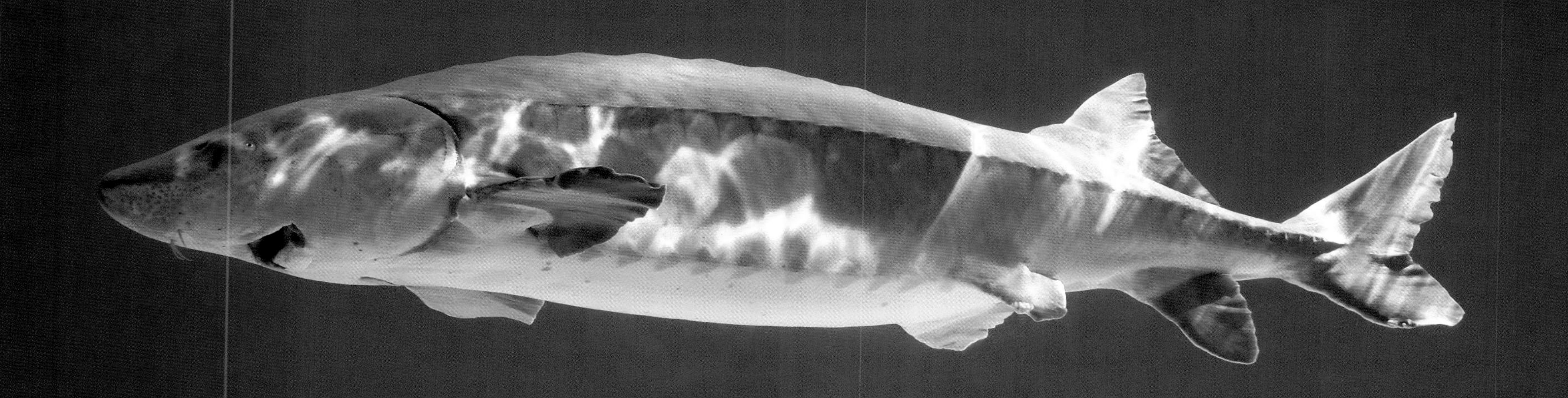

刀鲚

Coilia nasus (Temminck & Schlegel, 1846)

俗名：刀鱼

体侧扁而长，背部平直，尾部向后渐窄，腹缘具锯齿状棱鳞。头短小，吻圆突，口大，下位，斜裂。上颌骨狭长，向后伸达胸鳍基部，下缘具小锯齿。体被圆鳞，薄而易脱，无侧线。胸鳍侧下位，上方具 6 枚游离丝状鳍条，向后伸越臀鳍起点。臀鳍基长，与尾鳍下叶相连，臀鳍鳍条 90 以上。尾鳍上叶与下叶不对称，上叶较长，体银白色。背侧颜色较深呈青色，腹部色较浅，尾鳍灰色。

IUCN 濒危。栖息于沿海、河口，为洄游性鱼类，每年 2 ~ 3 月进入江河的干、支流或湖泊的缓急流区产卵，繁殖期为 4 ~ 6 月。刀鲚为肉食性鱼类，主要以小鱼和虾为食。分布于钱塘江、瓯江、椒江、灵江、甬江、飞云江、鳌江、苕溪等水系的中下游。

香 鱼

Plecoglossus altivelis（Temminck & Schlegel, 1846）

俗名：西瓜鱼、油香鱼

体狭长而侧扁，略呈纺锤形。头小，吻尖，前端向下弯成钩形突起。口大，下颌前端两侧各有 1 个凸起，当口关闭时，吻钩与此凹陷正相吻合。体被细小的圆鳞，侧线完全。背鳍 1 个，脂鳍较大，与臀鳍基部后端相对。体背黑绿色，两侧向腹部渐显黄色，腹部银白色，各鳍淡黄色。

为降河洄游的鱼类。在溪流中育肥的香鱼向下游到咸淡水中，在卵石滩的浅滩产卵，亲鱼多数死亡，幼鱼孵化后随水流入海生长发育。幼鱼以浮游动物为食，进入淡水后以刮食岩石上的硅藻、蓝藻等植物性食物为主，同时也摄食昆虫和浮游动物。分布于浙江省瓯江、灵江、飞云江、鳌江等水系。

大银鱼

Protosalanx hyalocranius（Abbott，1901）

俗名：银鱼、面条鱼

体细长，前部呈圆筒形，后部侧扁，头平扁。吻尖长，口较小，上颌骨向后伸达眼中间的下方，下颌稍突出。体无鳞。背鳍位于臀鳍前方；脂鳍小，与臀鳍基相对。体白色，半透明，尾鳍末端常为灰黑色。

栖息于海水、淡水、咸淡水中。为肉食性鱼类，主要摄食小虾和小鱼。分布于浙江省沿海及钱塘江、瓯江、苕溪等水系。

俗名：马口、南方马口鱼

体延长而侧扁，腹部圆，头中等大小，顶部较平，吻端钝圆。眼小，口大，口裂向下倾斜，侧线完全。雄性个体体侧具有十几条横斑，雌性个体横斑不明显，尾柄中部有一纵行黑纹。背鳍鳍膜微黑，其他各鳍无明显斑纹。

栖息于较大溪流水流较平稳的环境中。性凶猛、贪食。以捕食小鱼、小虾及其他无脊椎动物为生。主要分布于浙江省各水系上游溪流中。

棘颊鱲

Zacco acanthogenys（Boulenger，1901）

体长而侧扁，腹部较圆，头短吻钝。眼较小。侧线完全，在腹鳍处微弯，向后延至尾基正中。雄体体色非常鲜艳，背部黄绿，腹部银白，体侧有多条垂直的大斑块状条带，条带间有许多不规则的粉红色斑点。雌鱼全体素色。背鳍粉红色，间有黑色斑块。胸鳍、腹鳍黄色，胸鳍上有黑色斑点，尾鳍灰色，在生殖季节，雄鱼的头部和臀鳍上有许多粒状珠星。

为溪流性鱼类，栖息于较大溪流或者浅滩上。杂食性，主要以底栖昆虫、附生藻类及有机碎屑为饵料。主要分布于浙江省各水系上游溪流中。

长鳍马口鱲

Opsariichthys evolans（Jordan et Evermann，1902）

体长而侧扁，腹部较圆，头短吻钝。眼较小。侧线完全，在腹鳍处微弯，向后延至尾基正中。雄体体色非常鲜艳，背部黄绿，腹部银白，体侧有 10 多条垂直的黑色条带，条带间有许多不规则的粉红色斑点。雌鱼全体素色。背鳍粉红色，间有黑色斑块。胸鳍、腹鳍黄色，胸鳍上有黑色斑点，尾鳍灰色。在生殖季节，雄鱼的头部和臀鳍上有许多粒状珠星。

为溪流性鱼类，栖息于较大溪流或者浅滩上。杂食性，主要以底栖昆虫、附生藻类及有机碎屑为饵料。主要分布于浙江省各水系上游溪流中。

尖头大吻鱥

Rhynchocypris oxycephals（Sauvage et Dabry de Thiersant，1874）

体延长，稍侧扁，腹部圆，头较小，近锥形。吻短而钝，口裂大而倾斜，眼中大，位于头侧。侧线完全。鳞细小，排列甚密，胸部和腹部具鳞。体具许多不规则的黑色小点，腹部淡灰色，各鳍均有黑色斑点。

栖息于山涧小溪中，主要以着生藻类为食。广泛分布于浙江省各水系上游。

赤眼鳟

Squaliobarbus curriculus (Richardson, 1846)

体延长，呈圆柱状，尾部稍扁，外形酷似草鱼。头较尖。吻钝。口端位，口裂宽，呈弧形。上颌和口角各有 1 对小须，隐藏在唇褶缝内。眼侧位，在头的前半部；鼻孔距眼较距吻端为近。背鳍基部较短，无硬棘。胸鳍三角形，不达腹鳍。腹鳍不达臀鳍。臀鳍小，尾鳍分叉较深。体色较草鱼淡，背部灰黄带青绿色，体侧稍带银白色。活鱼在眼的上侧有 1 块红斑，因此得名赤眼鳟。

栖息于河流中下游广阔的水域及内河的中下层。主要以藻类和水草为饵料，兼食小鱼、虾及底栖软体动物和昆虫幼虫。广泛分布于浙江省各水系。

俗名：鳡鱼、黄占

体延长，呈圆柱状，稍侧扁，腹部平圆。头小，较长。吻尖，呈喙状。口端位，口裂大。眼中等大，向两侧突出。鳞小，侧线完全。背部灰绿色或灰黑色，腹部银白色，背鳍和尾鳍深灰色，颊部和其他各鳍呈淡黄色。

栖息于江河、湖泊和水库等大水面的中上层，近年来已难觅踪迹。凶猛鱼类，主要摄食其他鱼类。分布于浙江省各水系中下游江段。

体长，侧扁，腹棱自胸鳍基部至肛门。头尖，侧扁。吻中长，口端位，中大，口斜，上、下颌等长。眼中大，侧中位。体被中大圆鳞，易脱落。侧线完全，在胸鳍的上方急剧向下弯曲，至胸鳍末端，与腹部平行，行于体之下半部，在臀鳍基部后端又向上弯折至尾柄中线，直达尾鳍基部。背部青灰色，侧面和腹面银白色。尾鳍边缘灰黑色，其余各鳍均为浅黄色。

为淡水中常见的小型鱼类，适应性强，在流水、静水中均能生长、繁殖。喜栖于水体沿岸区的中上层，行动迅速。主要摄食浮游生物、甲壳类、水生昆虫等。广泛分布于浙江省各水系。

氏半䱗

Hemiculterella wui（Wang，1935）

体侧扁，体背较平直，腹部略呈弧形，胸部圆，自腹鳍至肛门具腹棱。吻端略尖，口裂斜。侧线在胸鳍上方急剧向下弯曲，前后两段位于体轴线上。背鳍不具硬棘，其起点在腹鳍基部上方之后。体背部黄绿色，侧面和腹部银白色，胸鳍、臀鳍和腹鳍白色，背鳍和尾鳍浅黄绿色，并在鳍条上有些分散的黑色小点。

栖息于较大的溪流中，为上层鱼类。主要摄食水生昆虫、藻类和植物碎屑等。分布于浙江省钱塘江、瓯江等水系上游。

南拟䱗

***Pseudohemiculter hainanensis*（Boulenger，1899）**

体长，侧扁。头的轮廓呈等腰三角形。口端位，口裂斜，吻较长，长于眼径。侧线在胸鳍上方弯折，沿腹部边缘向后延伸，于臀鳍之后复向上，终止于尾柄正中。自腹鳍至肛门具腹棱。背鳍具光滑硬棘，其起点至吻端略长于尾柄基部。尾鳍分叉深。体背部深灰色，腹部淡白色。尾鳍边缘灰黑色，略具黑点，其余各鳍淡白色。

栖息于山溪溪流中，在水体中上层。主要摄食浮游动物及水生昆虫。分布于浙江省钱塘江、苕溪和瓯江等水系。

鳍原鲌

Chanodichthys erythropterus（Basilewsky，1855）

体长，侧扁，自胸鳍基部下方至肛门有明显的腹棱。头中大，侧扁。吻短钝，口小，上位，口裂近垂直，下颌上翘，突于上颌之前。无须，眼大，侧上位。侧线完全，前部略呈弧形下弯，后部平直，伸达尾柄中央。体背侧青灰带蓝绿色，腹部银白色，体侧上半部每个鳞片的后缘各具 1 个黑色小斑点，背鳍灰色。胸鳍淡黄色。尾鳍下叶和臀鳍橘红色。

为中上层肉食性鱼类，喜栖息于水草繁茂的江河的缓流区。主要摄食小鱼、虾、水生昆虫、浮游动物和水生植物等。广泛分布于浙江省各水系。

翘嘴鲌

Culter alburnus（Basilewsky，1855）

俗名：白鱼、翘嘴巴、白条、大白鱼

体延长，侧扁。背缘较平直，自腹鳍基部至肛门间具明显腹棱，尾柄较长。头中大，侧扁，头背平直。吻钝，口大，上位，口裂几垂直，下颌上翘，突出于上颌之前。无须，眼大，侧上位。体被小圆鳞，侧线完全。背鳍具强大而光滑的硬棘。侧线鳞 80 枚以上。体背侧灰褐色，腹侧银白色，各鳍呈深灰色。

为凶猛的肉食性鱼类，多栖息于流水及大水体的中上层，游泳迅速，善跳跃。主要摄食小鱼和大型浮游动物。广泛分布于浙江省各水系及其附属水体。

Culter mongolicus mongolius（Basilewsky，1855）

俗名：红尾巴、红了

体延长，侧扁，腹部圆，自腹鳍基部至肛门间具腹棱，尾柄较长。头中大，近锥形。吻尖凸，口大，端位，裂斜。无须，眼中大。体被较小圆鳞，侧线完全，稍下弯，后达尾柄中央。背鳍最后1枚硬棘粗大，后缘光滑；尾鳍分叉深。体背侧浅褐色，腹部银白色。背鳍灰褐色，胸鳍、腹鳍和臀鳍均为淡黄色，尾鳍上叶浅黄色，下叶鲜红色。

为凶猛性中上层鱼类，多栖息于水流缓慢的河湾、湖泊。成鱼主食小鱼、水生昆虫和甲壳类等，幼鱼则主食浮游动物和水生昆虫。广泛分布于浙江省钱塘江、苕溪、曹娥江和甬江水系。

鳊

Parabramis pekinensis（Basilewsky，1855）

俗名：鳊鱼、长春鳊

体高而侧扁，略呈长菱形，腹棱完全，自胸鳍至肛门具明显腹棱，尾柄宽短。头小，侧扁，头后背部急剧隆起。口小，端位，斜裂，上颌长于下颌，并有角质物。无须，眼中大，侧位。侧线完全，近平直，约位于体侧中央，向后伸达尾鳍基。体被中大圆鳞，不易脱落。体背部青灰色，体侧和腹部银白色，各鳍呈灰白色并镶以黑色边缘。

为中下层草食性鱼类，喜栖息于多水草的流水或静水中下层。幼鱼主要以浮游藻类和浮游动物为食，成鱼以水生植物为食，兼食浮游生物和水生昆虫等。广泛分布于钱塘江、曹娥江、苕溪、甬江等水系。

大眼华鳊

Sinibrama macrops（Günther，1868）

俗名：大眼睛、大眼

体侧扁，头后半部隆起，胸腹部扁平，自腹鳍基部至肛门具腹棱。口端位，眼大，无须。鳞较大，椭圆形。侧线在胸鳍上方缓和向下弯曲。背鳍具 3 根光滑硬棘。体背部灰黑色，侧腹部银白色。胸鳍色淡，其余各鳍浅灰色。

为溪流中常见小型鱼类，喜栖息于溪流河边的水流缓慢的浅水中，主要摄食着生藻类、水生昆虫、小型甲壳类和有机碎屑等。广泛分布于浙江省各水系的中上游。

俗名：团头鳊、武昌鱼、鳊鱼

体侧扁而高，呈菱形，胸部平直，自腹鳍基部至肛门具腹棱，尾柄宽短。头小，锥形，侧扁。吻短钝。口宽，端位，呈弧形。上、下颌等长。眼中大，侧中位。无须。体被中大圆鳞，侧线完全，较平直。背鳍最后 1 枚硬棘后缘光滑。体灰黑色，体侧鳞片基部浅灰黑色，边缘较浅。体侧各纵行鳞形成数行浅灰黑色纵纹。

为中下层草食性鱼类，喜栖息于江河、湖泊水流平稳的敞水区中。主要以水生维管束植物为食，兼食浮游动物。分布于浙江省各水系中下游及大型水库。

寡鳞飘鱼

Pseudolaubuca engraulis（Nichols，1925）

俗名：飘鱼

体长，侧扁，背部较厚，腹部圆凸，从颊部至肛门有明显的腹棱。头中大，侧扁。吻稍尖，口端位，斜裂。无须，眼中大。体被中等圆鳞，侧线完全，在胸鳍上方平缓向下弯折成广弧形，沿腹部后伸达尾柄中央。体背侧青灰色，腹部银白色，各鳍淡黄色。

栖息于水体中上层。主食水生昆虫、甲壳动物及植物碎屑。分布于浙江省曹娥江、甬江、苕溪、瓯江、椒江、灵江等水系。

体长，极侧扁，自胸鳍基前方至肛门具完全腹棱。头短小，侧扁。口端位，斜裂。吻长，稍尖。体被中大圆鳞，侧线完全，在胸鳍上方急剧向下弯折成 120°，沿腹侧行至臀鳍基部后方上折，伸至尾柄中央。背鳍末根不分支鳍条为硬棘，其后具明显锯齿。体背侧灰黑色，腹部银白色。尾鳍青灰色，其他各鳍淡灰色。

为水体中上层鱼类，主要摄食浮游动物、水生昆虫和藻类等。广泛分布于浙江省各水系。

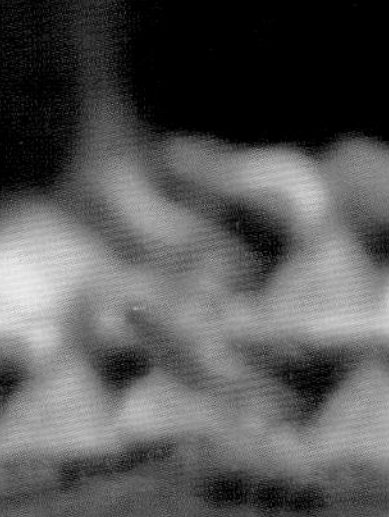

圆吻鲴

Distoechodon tumirostris（Peters，1881）

体长，略侧扁，腹部圆，肛门前无腹棱或腹棱极弱。头小。吻稍尖，突出。口下位，呈横裂。无须，眼侧上位。体被圆鳞。侧线完全。背部深黑色，腹部银白色，体侧有许多黑色斑点组成的纵向条纹；眼后缘有一浅黄色斑块。背鳍和尾鳍灰黑色，胸鳍、腹鳍基部橘黄色，胸鳍、腹鳍外缘及臀鳍灰白色。

为喜流性鱼类，喜栖息于水质清新、水流湍急处，常成群游动，具群聚性。主要摄食着生藻类和高等植物碎屑。广泛分布于浙江省各大水系。

俗名：黄尾、黄力梢

体长，侧扁。腹部圆，在肛门前方有不明显的腹棱，长度约为肛门到腹鳍距离的 1/4。头小，吻钝。 口下位，近弧形。下颌具角质边缘。无须，眼中大，侧上位。侧线完全，侧线鳞 63 ~ 68 枚。背部灰黑色，腹部及体下侧银白色。鳃盖后缘有 1 个浅黄色的斑块，尾鳍橘黄色。

为江河、湖泊中下层鱼类，常见中小型食用鱼类。主要摄食着生藻类和高等植物碎屑。2 年性成熟，产卵期为 4 ~ 6 月。广泛分布于浙江省各水系。

似鳊

Pseudobrama simony（Bleeker，1871）

俗名：逆鱼、拟鳊

体长，侧扁，腹圆，在腹鳍后至肛门前有发达的腹棱。头短，吻圆钝。口小，下位，呈弧形。无须，眼侧上位，靠近吻端。体被大圆鳞。侧线完全，较直，前端微向下弯，后延伸至尾柄正中。体背部和上侧灰黄褐色，下侧和腹部为银白色。背鳍、臀鳍和尾鳍灰白色或浅灰色，腹鳍和胸鳍浅黄色。

为中下层鱼类，喜栖息于水流平稳、水面开阔的水系中下游河流、湖泊中。主要摄食藻类、浮游动物、底栖动物等。分布于浙江省各水系。

高体鳑鲏

Rhodeus ocellatus（Kner，1866）

俗名：鳑鲏

体侧扁而高，呈卵圆形，头后背部显著隆起，腹部微凸。头短小，三角形。吻短钝，吻长短于眼径。口小，前位。口角无须。眼中大，侧上位。体被中大圆鳞，侧线不完全，仅前部3~6鳞有侧线管。体色鲜艳，体侧银灰色，腹侧银白色。胸部、腹部浅黄色。体侧后缘黑色。体侧中部的银蓝色纵纹自尾鳍基向前伸达背鳍基中部下方。鳃盖后缘上方有1个黑色斑点，尾柄中央有1条黑色纵带。背鳍上有数列不连续的黑点。尾鳍稍黑，其他各鳍淡色。

为底栖小型鱼类，栖息于湖泊、水库、沟渠和池塘等浅水处，喜栖息于静水多水草处。主要摄食藻类。分布于浙江省各水系及其附属水体。

氏鳑鲏

Rhodeus fungi（Miao，1934）

体侧扁，似纺锤形。头小，侧扁而高。吻长短于眼径。眼中大，口小，端位。口角无须。眼间隔宽，微突。体被中大圆鳞，侧线不完全，仅前部 4~5 鳞有侧线管。体侧银灰色，部分雄鱼胸部、腹部黑色，雌鱼浅黄色。体侧鳞后缘黑色。雌鱼产卵管和雄鱼吻端、泪骨的珠星以及雄鱼臀鳍外缘黑边均见于繁殖季节。

为小型底层鱼类，喜栖息于河湖静水浅处。春季繁殖，成熟卵呈纺锤形。分布于浙江省钱塘江、苕溪水系。

黄腹鳑鲏

Rhodeus flaviventris

体高，侧扁，头小。口端位，口角无须。眼侧上位。背鳍起点位于吻端和尾鳍基的中间。胸鳍末端不及腹鳍起点。尾鳍叉形。侧线不完全。身体灰色，体侧具蓝色纵纹，自背鳍下方延伸到尾鳍基。成年雄性具婚姻色：体侧有一个蓝色斑点，位于第 4 和第 5 侧线鳞之间，还具一条细长的蓝色纵向条纹，从背鳍下方延伸至尾鳍基前方约 2 个鳞的位置。头后胸、腹部和尾柄橙黄色。所有鳍的颜色都略带黄色。背鳍和臀鳍边缘黑色，内有红橙色条纹；尾鳍中部橙色。黄色和橙色通常在繁殖季节过后会褪掉。

喜栖息于溪流平缓、水草茂盛的环境中，喜群游。主要摄食水草、高等植物的叶片、藻类、沉淀的有机物、浮游动物、水生昆虫等。分布于浙江省各水系。

石台鳑鲏

Rhodeus shitaiensis（Li & Arai，2011）

体长，侧扁，呈长圆形。头小。吻短而钝圆。口小，端位，口角无须。背鳍起点位于吻端和尾鳍基的中间或略近后者，腹鳍位于背鳍起点之前，尾鳍叉形。侧线不完全。身体灰色，体侧具蓝色纵纹，自背鳍下方延伸到尾鳍基。成年雄性具婚姻色：虹膜、腹部、尾鳍中部红橙色。背鳍和臀鳍边缘黑色，内有红橙色条纹；在一条红橙色带和鳍基部之间还有 2 条白色带。体侧面鳞片后部具有蓝色的金属光泽。成年雌性灰白色，背鳍和臀鳍上没有彩色条纹。背鳍前部没有黑色斑点。

为杂食性小型底层鱼类，栖息于溪流平缓、水草茂盛的环境中，喜群游。主要摄食水草、高等植物的叶片、藻类、沉淀的有机物、浮游动物、水生昆虫等。分布于浙江省钱塘江水系中上游溪流。

齐氏田中鳑鲏

Tanakia chii

体延长而侧扁，略呈长圆形。头短小。吻短而钝圆。口小，下位。有须1对。体被中大圆鳞；侧线完全而略呈弧形。各鳍均无硬棘。雄鱼体色较亮丽，眼睛的上半部为红色，体侧鳞片后缘均有黑边，体侧中央由臀鳍末端至尾鳍中央具一黑色纵带；背鳍末缘红色，臀鳍末缘则为外缘黑色、内缘红色并排；繁殖季节具珠星。雌鱼除尾部具黑色带外，全身为浅黄褐色。

为小型鱼类，分布于浙江省苕溪水系。

大鳍鱊

Acheilognathus macropterus（Bleeker，1871）

俗名：鳑鲏

体侧扁，近卵圆形，无腹棱。头小，吻短，吻长短于眼径。眼中大，口小，亚下位，口角须 1 对，突起状或缺失。体被中大圆鳞，侧线完全，略呈弧形下弯，后部伸达尾柄中央。背鳍及臀鳍具硬棘，背鳍起点位于吻端至最后鳞片的中点，胸鳍狭圆形，末端不达腹鳍起点，尾鳍叉形。背部暗绿色，体侧银白色。第 4 ~ 5 个侧线鳞上方有 1 个大黑点，鳃孔后方有一不太明显的黑点。

为淡水小型鱼类，喜栖息于水草丛中，主要摄食丝状藻、硅藻等藻类和苦草等水生高等植物。分布于浙江省钱塘江、苕溪及运河水系。

短须鱊

Acheilognathus barbatulus（Günther，1873）

体侧扁，轮廓呈长卵圆形。口亚下位，呈马蹄形。口角具须 1 对。侧线完全。背鳍及臀鳍均具硬棘，背鳍起点距吻端距离比距尾鳍基距离大。肛门接近腹鳍，胸鳍末端不达腹鳍，尾鳍分叉深。背侧暗黑色，腹部浅色。近鳃盖上角具一黑斑，大小占 2~3 个鳞片。尾柄纵带黑色，向前延伸不超过背鳍起点。背鳍外缘有狭黑边，其内具 2 条白色斜纹；雌鱼臀鳍浅黄色，雄鱼边缘白色，其内缘为 2 条黑白相间的条纹。

喜栖息于水草较多的静水或缓流水域。产卵于河蚌的鳃瓣中，主要摄食水生高等植物和藻类。主要分布于浙江省钱塘江、苕溪、运河水系。

兴凯鱊

Acheilognathus chankaensis（Dybowski，1873）

俗名：鳑鲏

体高，侧扁，呈长卵圆形。头小，口端位，上、下颌长度约相等。口角无须。侧线完全。背鳍基较长，外源微凹，不分支鳍条为硬棘。胸鳍侧位，末端达腹鳍。腹鳍起点稍前于背鳍起点，末端达臀鳍起点，臀鳍基较长，不分支鳍条为光滑硬棘。体背部灰褐色，两侧腹部银白色。第 4 ~ 5 枚侧线鳞上有 1 个不太明显的黑色斑块，体后沿尾柄中线有一黑色纵带。雄鱼背鳍、臀鳍各有 2 列黑白相间的条纹。吻端及眼眶有珠星。尾鳍淡黄色，胸鳍、腹鳍黄白色。雌鱼各鳍斑纹不明显，有产卵管。

喜栖息于浅水区。主要摄食水生高等植物和藻类。主要分布于浙江省瓯江、灵江、苕溪水系。

广西鱊

Acheilognathus meridianus（Wu，1939）

俗名：鳑鲏

体长，侧扁。头如锥状，吻钝，吻长与眼径相当。眼侧前上位。口亚下位，口裂呈马蹄形。口角须 1 对。侧线完全，较平直，后达尾柄中线。背鳍、臀鳍末根不分支鳍条较细；背鳍基长，长于臀鳍基；臀鳍基长短于尾柄长。腹鳍和背鳍起点在同一垂直线上或腹鳍稍前。胸鳍末端和腹鳍起点相距 2 ～ 4 枚鳞片。肛门约位于腹鳍基和臀鳍起点之间或略前移。尾鳍分叉。 体上半部每个鳞片后缘镶灰色边缘。体侧中部有一条黑色纵纹，雄鱼腹鳍、尾鳍淡黄色，臀鳍略带红色，体侧的黑色纵带较雌鱼粗。

为小型鱼类，喜栖息于底质多砾石、水质澄清的江河缓流处。主要摄食浮游动物。分布于浙江省瓯江水系。

斜方鱊

Acheilognathus rhombeus（Temminck & Schlegel, 1846）

体高，侧扁，呈卵圆形。头小而尖。吻短，尖钝。口端位，呈马蹄形。唇肥厚。口角有短须 1 对。侧线完全，延伸至尾基正中。背鳍基较长，外缘微微内凹。胸鳍不达腹鳍。腹鳍发达，末端超过臀鳍起点。尾鳍分叉甚深，上、下叶对称。成年雄性具婚姻色：体背鳞片呈青蓝色，头和胸腹部玫红色或黄色，皆具金属光泽；鳃盖后上方具一蓝色斑，1 条蓝色纵带自鳃盖后方延伸至尾柄。背鳍、臀鳍和腹鳍呈粉红色，但腹鳍一般色浅，腹鳍和臀鳍通常具白边。

喜栖息于水草丛生处。主要摄食植物碎片、浮游生物及着生藻类等。分布于浙江省各大水系。

Acheilognathus gracilis（Nichols，1926）

体长，侧扁。头较小，略尖。吻短而钝。口裂呈弧形。口角无须。眼侧上位。侧线完全，呈弧形，后延至尾基正中。背鳍位于鱼体正中。胸鳍较大。腹鳍腹位。尾鳍分叉浅，上、下叶对称。

为小型鱼类，喜栖息于江河、湖泊的静水区。主要摄食水生高等植物和藻类。分布于浙江省钱塘江和苕溪等水系。

彩鳑

Acheilognathus imberbis（Günther，1868）

俗名：鳑鲏

体稍长，侧扁，呈长椭圆形。头小，头长大于头高。吻短，吻长短于眼径。口小，端位，上颌末端位于眼下缘同一水平线。口角无须，或须为痕迹状。眼中大，侧上位，眼径小于眼间距。鳃孔大。鳃盖膜与峡部相连。体背圆鳞。侧线完全，较平直，行至背鳍下方与体侧中部黑纵带并行。背侧灰褐色，腹侧银白色。鳃孔后方有一黑斑（雄）或无斑（雌）。体侧中部的黑色纵纹始于背鳍前下方，向后伸达尾鳍基。各鳍橙灰色，臀鳍外缘无黑色纵纹，背鳍和臀鳍中部鳍条上有2条浅色点纹。

为小型鱼类，喜栖息于河、溪近岸静水水域。主要摄食浮游动物。分布于浙江省钱塘江和苕溪水系。

鲢

Hypophthalmichthys molitrix（Valenciennes，1844）

体长，侧扁，腹部窄，自胸鳍基前方至肛门有发达的腹棱。头大，侧扁。吻短钝。口宽大，端位，斜裂。无须，眼较小，位于头侧中轴之下。侧线完全，在腹鳍前方向下弯曲，腹鳍以后较平直，向后延至尾基正中。背鳍、臀鳍无硬棘，胸鳍侧下位，尾鳍叉形。体银白色，头、体背部暗色。体侧及腹部为银白色。各鳍浅灰色。

为大型淡水鱼类，栖息于水域上层，性活泼，善跳跃，喜栖息于江河、湖泊等大水面。主要摄食浮游植物，兼食浮游动物。广泛分布于浙江省各水系。

鳙

Aristichthys nobilis（Richardson，1846）

俗名：花鲢、胖头鱼、乌鲢

体长，侧扁，腹部在腹鳍前为圆形，腹鳍后狭窄，腹鳍至肛门间具腹棱。头很大，头长大于体高，前部宽阔。吻宽短，口大，端位，斜裂。无须，眼小，位于头前侧中轴线下方。体被细小圆鳞。侧线完全，前部下弯，中后部行于体侧中央。背鳍和臀鳍无硬棘，胸鳍狭长，尾鳍分叉。背部及体侧都为灰黑色，间有浅黄色光泽，腹部银白色，体侧有许多不规则的黑色斑点。各鳍灰白色，并有许多黑斑。

为大型淡水鱼类，栖息于水域的中上层，性温驯，行动缓慢，不善跳跃，易捕捞。主要摄食浮游动物，兼食藻类。广泛分布于浙江省各水系中下游。

光唇鱼

Acrossocheilus fasciatus（Steindachner，1892）

体稍长，侧扁，腹部圆而平直。头中大，侧扁。吻圆钝，突出。口宽圆，下位，上唇较狭，下颌前端几平直，具锐利角质，下唇瓣分离。须2对，吻须比颌须短细。眼中大，侧上位。背鳍末根不分支鳍条稍粗硬，后缘有锯齿。胸鳍不达腹鳍，尾鳍叉形。雌性体侧有6条黑色横斑，雄性沿体侧有1条黑色纵带。胸部有玫瑰红色渲染，幼鱼体色两性相同。背鳍鳍膜有黑色直纹。尾鳍、臀鳍灰黑色，其余各鳍灰白色，雄鱼吻部及臀鳍条上有珠星。

为溪流性鱼类，喜栖息于溪流及山涧间。主要刮食着生藻类或苔藓，也食水生昆虫。分布于浙江省钱塘江、瓯江、甬江水系。

温州光唇鱼

Acrossocheilus wenchowensis（Wang, 1935）

俗名：石斑鱼

体长，侧扁，头后背部隆起，腹部圆平。头长，吻尖突，雄鱼吻部特长而肥厚。口下位，呈马蹄形。上颌超过下颌，下颌唇肥厚，具2侧叶，在中央互相接触。吻须和颌须各1对。背鳍鳍棘稍粗壮，后缘约有20个细锯齿。臀鳍短，胸鳍不达腹鳍，尾鳍叉形。背部青灰色，腹部灰白色，体侧有6条垂直黑斑条。

为溪流性鱼类，喜栖息于石砾底质的溪流。主要刮食着生藻类或苔藓，也食水生昆虫。繁殖期为4～6月，2～3龄开始性成熟，卵为黏性，卵有毒，含卵毒素，仅鱼肉可食用。分布于浙江省瓯江、飞云江、鳌江等水系。

武夷光唇鱼

Acrossocheilus wuyiensis（Wu&Chen，1981）

俗名：石斑鱼

体延长，稍侧扁，头后背部稍隆起，呈弧形，腹圆，略呈弧形。头中等大，吻圆钝。口下位，呈马蹄形。唇较发达。须2对，口角须粗长，吻须稍短。眼中等大，侧上位。侧线完全。背鳍外缘微凹，末根不分支鳍条不变粗，后缘无锯齿。胸鳍长于腹鳍，末端不达腹鳍起点。腹鳍起点与背鳍末根不分支鳍条相对，末端不达肛门。臀鳍外缘斜截形，末端稍圆，达到或接近尾鳍基。尾鳍叉形。体背青灰色，腹部灰白色。体侧具左右对称的6条垂直的黑条，前5条狭长，第6条较宽。体背具4个黑斑，背鳍的鳍条间膜色黑，其他各鳍均呈灰白色。

为溪流性鱼类，喜栖息于石砾底质的溪流。主要刮食着生藻类或苔藓等。分布于浙江省丽水市水系。

体长，侧扁，背部隆起，呈弧形，腹部下坠呈弧形。头中大。吻锥形。口下位，呈马蹄形，上、下唇较发达。背鳍末根不分支鳍条骨化为硬棘，后缘有锯齿。胸鳍不达腹鳍，尾鳍叉形。雌性体侧有 6 条黑色垂直条纹，雄性沿体侧有 1 条黑色纵带，垂直条纹短，限于侧线上方，腹部为金色或橙色。背鳍条灰黑色，鳍膜色浅，其他鳍浅灰色 。

为溪流性鱼类，喜栖息于溪流及山涧间。主要刮食着生藻类或苔藓，也食水生昆虫。分布于浙江省钱塘江水系支流乌溪江上游。

台湾白甲鱼

Onychostoma barbatulum（Pellegrin，1908）

俗名：突吻鱼、竹叶鱼

体长，侧扁，腹部圆。头短小，吻圆钝，吻端具多个坚硬的珠星。眼中等大，侧上位。口下位，横裂呈新月形。上、下颌具角质边缘，下颌前缘宽直。吻须和颌须各 1 对。鳞中大。侧线完整。背鳍无硬棘，上缘微凹，胸鳍不达腹鳍，臀鳍稍长，腹鳍不达臀鳍，尾鳍叉形。体背部及侧部为灰黄绿色，腹部浅黄至淡白色。体侧及背部鳞片具新月形的黑点，背鳍鳍膜的末端有黑色斑点。

为底层鱼类，喜栖息于水系上游水质清冷的大溪和峡谷山涧中，为浙江省淡水鱼类分布海拔最高的种类。主要摄食附生在岩石上的藻类和水生昆虫等。分布于浙江省钱塘江、瓯江、椒江、灵江、飞云江等水系。

鲮

Cirrhinus molitorella（Cuvier et Valenciennes，1844）

体侧扁而长，腹部圆，背部隆起。头短，吻钝圆。口下位，呈一横裂。眼中等大，须 2 对，吻须较发达，颌须短小。鳞片中等大，侧线平直。背鳍无硬棘，胸鳍尖短，尾鳍宽，呈深叉形。体银白色，背部较深。腹部灰白色，体侧鳞片基部有三角形浅绿色斑点。胸鳍上方 8 ～ 12 枚鳞片为蓝色，聚合呈菱形斑块。

为杂食性中下层鱼类，栖息于水温较高的江河中下层，偶尔进入静水水体中。主要以着生藻类、有机碎屑和植物碎屑为食，也食浅水水生无脊椎动物。分布于珠江、闽江及海南岛等水系，由于近年来养殖逃逸，浙江省分布于钱塘江以南水域。

俗名：鲤鱼

体长，侧扁，腹圆，无腹棱。头中大，侧扁。吻长而钝。口小，亚下位。须2对，吻须较短，颌须较长。眼较小，侧上位。体被中大圆鳞。侧线明显，较平直。背鳍具硬棘，后缘具锯齿。臀鳍小，具硬棘，后缘具锯齿。尾鳍叉形。体背暗黑色，体侧暗黄色，腹部色浅。背鳍浅灰色，胸鳍、腹鳍橘黄色，臀鳍、尾鳍下叶呈橘红色。

为杂食性底层鱼类，喜栖息于开阔水域的下层，适应性强。主要摄食浮游动物、底栖动物、软体动物、水生昆虫和周丛生物。广泛分布于浙江省各水系及其附属水体。

俗名：河鲫鱼、鲫鱼

体高而侧扁，腹部圆，无腹棱。头短小，吻圆钝。口小，端位，斜裂。无须。眼较小。体被中大圆鳞。侧线完全，平直或微弯。背鳍、臀鳍均有硬棘，臀鳍基短，胸鳍不达腹鳍，腹鳍不达臀鳍。尾鳍叉形。体背银灰色，体侧和腹部为银白色略带黄色。各鳍为灰色。

为杂食性底层鱼类，适应性强，栖息于江河、池塘、山塘及沟渠等水体中，更喜在水草丛生的浅水区栖息和繁殖。主要摄食浮游动物、水生昆虫、周丛生物、底栖动物等。广泛分布于浙江省各水系及其附属水体。

体延长，略侧扁，腹部圆，无腹棱。头中大，稍尖。吻长，稍尖突，吻长大于眼后头长。口中大，下位，呈马蹄形。唇厚，下唇发达。口角须 1 对。眼大，侧上位。体被中大圆鳞。侧线完全。背鳍末根不分支鳍条有粗壮光滑硬棘，棘长略短于头长，臀鳍无硬棘，腹鳍短小，尾鳍分叉。体银灰色，背部稍深，腹部白色，成体体侧无斑点，背鳍、尾鳍灰黑色，其余各鳍灰白色。

为底栖杂食性鱼类，喜栖息于水流速度较快的水域。主要摄食底栖动物、虾、螺、水生昆虫等。广泛分布于浙江省各水系。

花 䱻

Hemibarbus maculates（Bleeker，1871）

俗名：竹鱼、鸡骨郎、鸡郎鱼

体延长，侧扁，腹部圆，无腹棱。头中大，头长小于体高。吻稍尖突，吻长小于或等于眼后头长。口中大，下位，口裂呈马蹄形。唇薄，下唇两侧叶狭窄，颏部中央有一小三角形突起，口角须 1 对。眼较大，侧上位。体被中小圆鳞，侧线完全，较平直。体背银灰色，腹部白色，体侧具不规则黑斑，侧线上方有一纵列 7 ~ 11 个黑斑，背鳍边缘略呈黑色，具少量斑点，尾鳍上有 4 ~ 5 行黑色点纹。其他各鳍淡色。

为中下层鱼类，喜栖息于水系干流及支流的中下游大溪及内河、湖泊等水面开阔、水流平稳的水域。主要摄食底栖动物、虾类、小型软体动物、幼鱼、水生昆虫幼体等。广泛分布于浙江省各水系。

体较细长，稍侧扁，腹部圆滑。头长。吻长，尖细，呈长锥形。口下位，呈马蹄形。眼大，侧上位。唇发达。上颌须1对，较短，略小于眼径。体被圆鳞，鳞片中等大。侧线完全，平直。背鳍具硬棘。胸鳍不达腹鳍，臀鳍较长，尾鳍短小，叉形。体背灰褐色，腹部白色。体侧中轴沿侧线的上方有6 ~ 9个斑点，自侧线以下的两行鳞片起至体背部正中的每个鳞片基部均具有一黑点。背鳍、尾鳍上有条纹状黑点分布。其余各鳍灰白色。

为下层鱼类，喜栖息于水系上游的大溪中水流平缓的水域。主要摄食水生昆虫、螺类等。分布于浙江省各水系上游溪流中。

似䱻

Belligobio nummifer（Boulenger，1901）

体长，稍侧扁，腹部平圆。吻较尖。口较大，呈马蹄形。头较长，头长大于体高。口角须 1 对。眼中大，侧上位。鳞中等大小，侧线平直。背鳍短，末根不分支鳍条柔软分节，胸鳍不达腹鳍，腹鳍不达臀鳍，尾鳍叉形。背部青灰色，体侧转淡，腹部为淡黄白色。在侧线上方体侧有 6 个大型黑斑。在背部自头至尾散布有许多形状不规则的黑色斑点。背鳍和尾鳍上有几行稍有规则由小点组成的横纹。

为溪流性鱼类，喜栖息于水流比较平稳的水潭中。主要摄食底栖动物。广泛分布于浙江省各水系上游溪流中。

体长，甚高，稍侧扁，腹部圆，无腹棱。头较小，呈三角形。吻短，稍尖。口较小，下位，深弧形。唇简单，上唇稍厚，下唇向前不达下颌前端。口角须 1 对。眼较小，侧上位。体被中等圆鳞，胸腹部具鳞，胸部鳞片较小。侧线完全，较平直。背鳍末根不分支鳍条为光滑硬棘，长而粗壮。臀鳍无硬棘，胸鳍小；尾鳍分叉，上、下约等长。体背面和上侧面灰色，下侧面和腹部银白色。体侧无斑。背鳍上半部鳍膜呈黑色；尾鳍红色，鳍端黑色，基部淡色；其他鳍淡色。

为中下层鱼类，喜栖息于水草丛中。主要摄食底栖动物。产卵期为 5 ~ 6 月。分布于浙江省苕溪和运河水系。

为上层小型鱼类，一般喜栖息于小溪流，尤其喜欢清澈的缓流水环境。生殖季节为 5 ～ 6 月。分布于浙江省钱塘江和瓯江水系。

华鳈

Sarcocheilichthys sinensis（Bleeker，1871）

俗名：石斑鱼、花花媳妇

体长，侧扁。腹部圆形，无腹棱。头短小，吻圆钝。口小，下位，呈马蹄形，唇较肥厚。口角有 1 对短须，有时消失。眼中大，侧上位。体被圆鳞，侧线完全，较平直。背鳍无硬棘，臀鳍较短，胸鳍侧下位，尾鳍分叉，上、下叶等长。体灰黑色，腹部灰白色，体侧有 4 块宽阔的深黑色横带。各鳍灰黑色，在鳍的外缘色调转淡而呈镶边状。

为中下层小型鱼类，喜栖息于河流、湖泊及溪流中水流平稳而开阔的水域。主要摄食水生昆虫、小型底栖动物、藻类、植物碎屑等。在生殖期间雄性的吻部出现珠星，雌性产卵管延伸至腹外。分布于浙江省各水系。

鳈

Sarcocheilichthys parvus（Nichols，1930）

体梭形，侧扁，腹部圆。头小，吻短而圆钝。口下位，口裂小，呈马蹄形。唇肥厚，下颌前缘有发达而锐利的角质边缘。口角有小须 1 对，形极微小。眼大小适中，侧位偏于上方。鳞片中等大小。侧线平直。背鳍短，无硬棘，胸鳍长度适中，臀鳍位置靠近腹鳍。尾鳍叉形。体背部灰黑色，体侧灰白色，腹部白色。沿体侧正中有条宽阔的黑色纵条。胸部腹面呈橘红色，体侧带有彩虹光泽。背鳍灰白色，在鳍膜上有较大的黑斑，其余各鳍浅灰色，带有鲜艳的橘黄色调。

为溪流性鱼类，喜栖息于小溪中水流比较平稳的沿岸浅水中。主要摄食着生藻类及水生昆虫。春夏季繁殖，雄鱼吻部出现珠星，雌鱼有短的产卵管。广泛分布于浙江省各水系上游山区的小溪。

江西鳈

Sarcocheilichthys kiangsiensis（Nichols，1930）

俗名：红头鱼

体较长，侧扁微圆，腹平圆。吻较长，突出。口小，下位，呈马蹄形。唇肥厚。口角有短须 1 对。眼较小，侧位稍偏上方。鳞片中等大小，有腋鳞。侧线平直。背鳍不分支鳍条为软刺。胸鳍较短，尾鳍分叉。背部灰褐色，腹部浅黄白色。背部和体侧有不规则黑斑。在鳃孔后方，胸鳍基上方有 1 块明显的黑色大斑。在鳃盖的后缘及峡部和胸部有橙红色的渲染，使体色更为鲜艳。背鳍及尾鳍深灰色。其他各鳍灰白色。

为溪流性鱼类，喜栖息于水流平稳、水面开阔的溪流沿岸中下层水域中。主要摄食着生藻类、水生昆虫、有机腐屑等。分布于浙江省钱塘江、瓯江水系的上游及支流。

鳍鲸

Sarcocheilichthys nigripinnis（Günther，1868）

体长，侧扁，头后背部隆起，腹部圆，无腹棱。头较小，吻短钝。口小，下位，呈弧形。唇较厚，下唇较狭长。下颌前端角质层较薄。口角无须。眼小，侧上位。侧线完全，较平直。背鳍无硬棘，胸鳍侧下位，尾鳍分叉。体背、体侧淡黑色，腹部白色。体侧具有不规则黑色和黄色斑纹，沿侧线上融合成黑色的纵纹。鳃盖后缘、峡部和胸部橘黄色，肩部至鳃孔后缘具 1 条深黑色垂直条纹。各鳍黑色，背鳍基中央具 1 条淡纹，胸鳍、腹鳍、臀鳍边缘浅色。雌体的腹部产卵管延伸体外。

为中下层小型鱼类，喜栖息于水流平稳的河流、湖泊及溪流中，主要活动于沿岸中下水层中。主要摄食水生昆虫、幼螺、幼蚌、低等的甲壳类、水草和藻类等。广泛分布于浙江省各水系。

银鮈

Squalidus argentatus（Sauvage and Dabry de Thiersant，1874）

俗名：船钉鱼

体细长，前部近圆筒形，后部侧扁，无腹棱。头中大，锥状。吻略尖，口亚下位，唇薄，眼大。口须 1 对，较长。侧线完全，几近平直。背鳍和臀鳍无硬棘，尾鳍分叉。体背侧银灰色，背部散布细小灰黑色斑，体侧及腹部银白色，体侧中轴自头后至尾鳍部有一银灰色的纵带，背鳍不分支鳍条黑色，尾鳍灰色，其余各鳍浅白色。

为中下层小型鱼类，栖息于水系干流和支流的中下游，喜在中下层水域中生活。主要摄食浮游动物、底栖动物、藻类等。分布于浙江省各水系中下游。

点纹银鮈

Squalidus wolterstorffi（Regan，1908）

体延长，略侧扁，腹部圆，无腹棱。头中大，头背部隆起。吻短，近锥形。眼较大，口亚下位。唇薄，简单，上、下唇均较狭。口角须 1 对，较长。体被中大圆鳞，胸腹部具鳞。侧线完全，较平直。背鳍短，无硬棘。臀鳍短，胸鳍侧下位，腹鳍较短，尾鳍分叉。体背部和体侧上半部暗色，体侧上半部和腹部浅白色。体侧中线上方具 1 条黑色纵纹，其上具 1 列暗斑。侧线鳞均具一黑点，被侧线管分成横“八”字形，上、下各半。背鳍、尾鳍深色，臀鳍和偶鳍灰白色。

为小型底层鱼类，喜栖息于水系中上游的大溪中。主要摄食浮游动物、底栖动物等。广泛分布于浙江省各水系。

细纹颌须鮈

Gnathopogon taeniellus（Nichols，1925）

体较长，稍侧扁，腹平圆。头较短，吻较短，圆钝。口端位，呈弧形。唇较薄，口角有短须 1 对。眼大，侧上位。鳞片中等大，侧线平直。背鳍最后不分支鳍条为软刺。胸鳍较短。背部灰棕褐色，体侧为淡黄白色，腹部白色。体侧有 4~5 条黑色纵纹，近背侧条纹色泽较深而清晰。背鳍有小黑斑组成的条纹。其他各鳍灰白色。

为溪流性小型鱼类，喜栖息于大小溪流及山涧中。主要摄食着生藻类、有机腐屑、昆虫幼虫等。主要分布于浙江省各水系上游溪流。

嵊县胡鮈

Huigobio chenhsienensis（Fang，1938）

体长，前部圆筒形，后部侧扁。头短，吻钝。口下位、呈弧形，唇发达。口上颌须1对，细小。眼中大，侧上位。鳞中等大小，侧线平直。背鳍位于鱼体的中间，其最后的不分支鳍条为软刺。胸鳍较长，臀鳍短小。尾叉浅。体背正中线有4～5个大的黑斑。体侧有7～8个黑色大斑点。背鳍、尾鳍上有许多黑色小斑点，其余各鳍灰白色。

为溪流性小型鱼类，喜栖息于大小溪流较为平缓的水域。主要摄食着生藻类、水生昆虫等。分布于浙江省各水系的上游溪流。

小口小鳔鮈

Microphysogobio microstomus (Yue, 1995)

体细长，稍侧扁，腹部平坦或稍圆，体后部侧扁且长。头较小，呈锥形，前端圆。吻短，口小，下位，深弧形。唇较薄，不发达，上唇几近光滑，少数具有不明显乳突。须 1 对，较短。眼稍大，位于头侧上方。体被圆鳞，胸鳍基前部裸露。侧线完全。体背及体侧上半部黄灰色，下半部白色稍带黄色。体侧中轴沿侧线具 1 条灰黑色细纵纹。背鳍和尾鳍上具多条短黑线组成的斑纹，胸鳍上也偶见黑点，其他各鳍灰白色。

为中下层小型鱼类，喜栖息于沿岸浅水区。分布于浙江省钱塘江和瓯江水系。

似鮈

Pseudogobio vaillanti（Sauvage，1878）

体长，前部圆筒形，自背鳍起点向后渐低，头腹面及腹部平坦，尾部侧扁。头大，吻长，平扁。眼中大，侧上位，唇发达，口角须 1 对，较粗。鳞中大，侧线平直。背鳍无硬棘，胸鳍大，臀鳍短，尾鳍叉形。体背及侧面灰黑色，腹部灰白色。横跨体背具 5 块较大的黑斑，体侧中轴有 6 ~ 7 个大黑斑。背鳍、尾鳍黑点排列成条纹，胸鳍、腹鳍具零散小黑点，臀鳍灰白色。

为溪流性鱼类，喜栖息于水面宽广、水流比较平缓的溪流的底层水域。主要摄食水生昆虫、着生藻类、植物碎屑和小型甲壳类等。分布于浙江省各水系上游溪流。

体延长，前部近圆筒状，后部稍侧扁，头后背部略隆起，腹部圆，无腹棱。头中大，吻较长，圆钝。口小，下位，呈马蹄形，唇肥厚。口角须 1 对，眼较小，侧上位。体被圆鳞，胸部前方裸露无鳞。侧线完全，平直。背鳍无硬棘，外缘外凸呈弧形。体背侧青灰色，腹部浅黄色，体侧上部每鳞后缘有一黑色斑点。体侧中部具 7 ～ 8 个黑斑，各鳍浅黄色，背鳍和尾鳍上有 5 ～ 7 条黑点纹。胸鳍、腹鳍、臀鳍上稍带灰黑色。

为小型底层鱼类，主要摄食枝角类、桡足类和端足类，也食水生昆虫、水丝蚓、轮虫及植物碎屑等。广泛分布于浙江省各水系。

Abbottina rivularis（Basilewsky，1855）

董氏鳅鮀

Gobiobotia tungi（Fang，1933）

体长，圆筒形，较粗壮。吻较长，在鼻孔之前稍下陷，前端圆钝，吻长大于眼后头长。口下位。弧形。唇较肥厚。眼侧上位，较大。须4对，1对口角须，3对颏须，较粗壮。口角须末端仅过眼前缘垂直下方，颏部各须间具发达的乳突。鳞圆形，侧线完全，平直延伸到尾鳍基。体背深棕色，腹面灰黄色。有5个黑色鞍状斑块横跨背部，向两侧延伸到侧线。背鳍和尾鳍微黑，其他各鳍灰白色，各鳍的鳍条上均有零星的小斑点，尤以背鳍及尾鳍最为显著。

为小型底层鱼类，喜栖息于溪流浅滩处。主要摄食蜉蝣幼虫、摇蚊幼虫等水生昆虫幼虫。分布于浙江省钱塘江、瓯江水系。

中华花鳅

Cobitis sinensis（Sauvage & Dabry de Thiersant，1874）

俗名：花泥鳅

体延长，侧扁，腹部平直。头侧扁，吻钝，口下位。须3对：2对吻须，1对颌须。眼较小，侧上位。体被细小圆鳞，头部裸露，侧线不完全，仅伸至胸鳍上方。身体呈浅黄色，体侧的上半部及背部具有数列明显的黑色斑块，延伸至尾柄的基部。尾鳍具4～5列垂直排列的黑色斑纹，基部上方具一明显黑点。

为小型底层鱼类，喜栖息于水流缓慢的水域。杂食性，主要摄食底栖无脊椎动物。分布于浙江省各水系上游溪流。

泥鳅

Misgurnus anguillicaudatus（Cantor，1842）

体延长，背、腹缘较平直，前部呈圆筒形，后部侧扁。头较小，吻部较尖。口下位，唇厚，须5对：2对吻须，1对颌须，2对颏须。眼小，侧上位。体被细小圆鳞，埋于皮下。体表多黏液，鳞片不明显。侧线不完全，很短。体背侧灰褐色，腹侧淡黄色，全身布满黑褐色小点；背鳍、臀鳍及尾鳍密布细小的黑色斑点，尾鳍基上方具一明显黑点。

为小型底层鱼类，喜栖息于静水底层。主要摄食周丛生物、植物碎屑、小虾、水生昆虫、螺等。广泛分布于浙江省各水系。

大鳞副泥鳅

Paramisgurnus dabryanus（Sauvage，1878）

体延长，侧扁，越向尾鳍方向越侧扁。背、腹缘剖面平直，但尾柄上、下侧皮质棱较发达，略为隆起。头较小，吻部较尖。口小，下位，须 5 对：2 对吻须，1 对颌须，2 对颏须。眼小，侧上位。体被细小圆鳞，头部无鳞。体表多黏液。侧线不完全，很短，终止在胸鳍上方。背鳍小，游离端圆弧形。体背部及体上半部灰褐色，腹侧淡黄色，全身体侧散布不规则的黑色细小斑点；背鳍、臀鳍及尾鳍具深色斑点。

为小型底层鱼类，喜栖息于河流、湖泊、沟渠、水田等各种环境的水域中，多栖息于浅水多淤泥的底层。主要摄食周丛生物、水生昆虫、螺等。广泛分布于浙江省各水系。

斑纹台鳅

Formosania stigmata（Nichols，1926）

体延长，前部平扁，后部侧扁，腹部平坦。头宽短，略平扁。吻长，宽扁，前缘圆形。口小，下位。体被细小圆鳞，胸腹部裸露区扩展到胸鳍和腹鳍起点间的中点之后。侧线平直，位于体侧中央。背部棕色，腹部浅色。背部自头后至尾鳍基具约6个褐色方形斑块，头背及体侧具有虫蚀状带纹。背鳍条上具2条褐色条纹，尾鳍上具有2～3条黑褐色条纹。胸鳍、腹鳍浅棕色，内侧褐色。臀鳍浅色。

为溪流性鱼类，喜栖息于底质为岩石砂砾、水流湍急的支流中。以附生于岩石附近的藻类和小型无脊椎动物为食。分布于浙江省瓯江以南各水系。

达氏台鳅

Formosania davidi (Sauvage, 1878)

体细长，稍侧扁。头较低平，吻端圆钝，边缘较厚。口较大，下位，呈弧形。唇肉质，上唇肥厚，表面无明显乳突；口角须1对，长似眼径。眼较小，侧上位。鳞细小，头背部及胸鳍腋部稍后的腹面无鳞。侧线完全。体呈棕黄色，头背部具褐色斑点，沿体背中线约有9个黑褐色横条纹。各鳍均具由黑色斑点组成的条纹。

为溪流性鱼类，分布于浙江省瓯江庆元水域。

横纹台鳅

体延长，呈亚圆柱形，背部微微隆起，腹部平坦。头较扁平，尾部侧扁。体宽稍大于或等于体高。吻端圆钝，边缘较薄。头宽稍大于体宽。吻长稍大于眼后头长。口下位，较大，呈弧形。上唇肥厚，在口角处与下唇相连。口角须1对，与眼径等长。眼较小，侧上位。鳞片细小，头背部及胸鳍和腹鳍中点之前的腹面无鳞。侧线完全，自体侧中部平直地延伸到尾鳍基。背部具7～8个浅色横斑，体侧具18～22条不规则的灰褐色横纹，腹面白色。背鳍和胸鳍上各有2条灰黑色横纹。胸鳍基部上方具一黑褐色斑点。腹鳍上具一黑褐色横纹。尾鳍基中间具一黑褐色斑点。尾鳍上有3条不明显的灰黑色横纹。

为溪流性鱼类，分布于浙江省瓯江水系。

亮斑台鳅

Formosania galericula

体细长，头部平扁，背鳍起点之后侧扁，尾部侧扁，腹部平坦。吻圆钝，边缘稍薄。吻长大于眼后头长。口较小，下位。唇肉质，口角须 2 对。眼呈卵圆形，中等大，侧上位。下颌外露，边缘具角质。鳞细小，头部背面及腹面无鳞，侧线完全。体、头背部黄褐色，散布不规则的黑色小斑纹，腹面白色，具 7 ~ 13 条黑斑纹，头背部眼间隔后侧居中具 1 个不规则形金色亮斑，背鳍基后部两侧具金色条形亮斑，各鳍均无明显斑纹。

为溪流性鱼类，分布于浙江省瓯江水系。

拟腹吸鳅

Pseudogastromyzon fasciatus（Sauvage，1878）

体前部稍平扁，后部侧扁，背缘呈弧形，腹面平坦。头较低平，吻端圆钝，边缘稍薄。口下位，呈弧形。口角须 1 对，短小。眼中等，侧上位。鳞细小，头背部及偶鳍基背侧无鳞。侧线完全。体背棕色，腹面浅黄色，体侧自胸鳍腋部至尾鳍[illegible]21 条垂直条纹，背鳍具由黑色小斑点组成的条纹，近边缘具一[illegible]斑点组成的条纹。

为溪流性鱼类，喜栖于急流浅滩的石砾间，主要摄食着生藻类、水生昆虫等。分布于浙江省瓯江、飞云江、鳌江等水系。

纵纹原缨口鳅

Vanmanenia caldwelli（Nichols，1925）

体较细长，前段呈圆筒形，后段稍侧扁。头稍低平。吻端圆钝，口下位，中等，呈弧形。眼中等，侧上位。鳞细小，为皮膜所覆盖，头背部及胸鳍和腹鳍起点间前4/5的腹面无鳞。侧线完全。头背部灰黑色，环绕吻端过眼眶中部并沿体侧之侧线有1条黑色的纵纹，纵纹以上的体背侧具许多不规则的棕黑色斑纹，自头后至背鳍起点的背中线有1条纵行的黑纹，横跨其后的背中线具7～8个棕黑色横斑，尾鳍基有1个略小于眼径的黑色斑块。

为溪流性鱼类，栖息于山溪多岩石的水体。主要摄食着生藻类、水生昆虫等。分布于浙江省瓯江水系。

俗名：黄颡、黄刺头、盎丝

体延长，前部粗壮，后部转侧扁，背隆起，腹圆平，头较大，稍平扁，皮膜较厚，枕骨突显。吻较短，圆钝，稍凸出。口下位，浅弧形。唇肥厚，上颌稍长于下颌。体裸露无鳞。侧线完全，平直，后延至尾基。肛门位于臀鳍起点前方。尾鳍分叉甚深，上、下叶对称。体背部黑褐色，两侧黄褐色，并有 3 条断续的黑色条纹，腹部淡黄色，各鳍灰黑色。

为底栖性鱼类，适应性强，喜栖息于江河、湖泊、溪流、池塘各种生态环境的水域中。白天潜居洞穴或石块缝隙内，夜出活动觅食，主要摄食软体动物、各种水生昆虫幼虫、小虾及小型鱼类。广泛分布于浙江省各水系。

瓦氏黄颡鱼

Pseudobagrus vachelli（Richardson，1846）

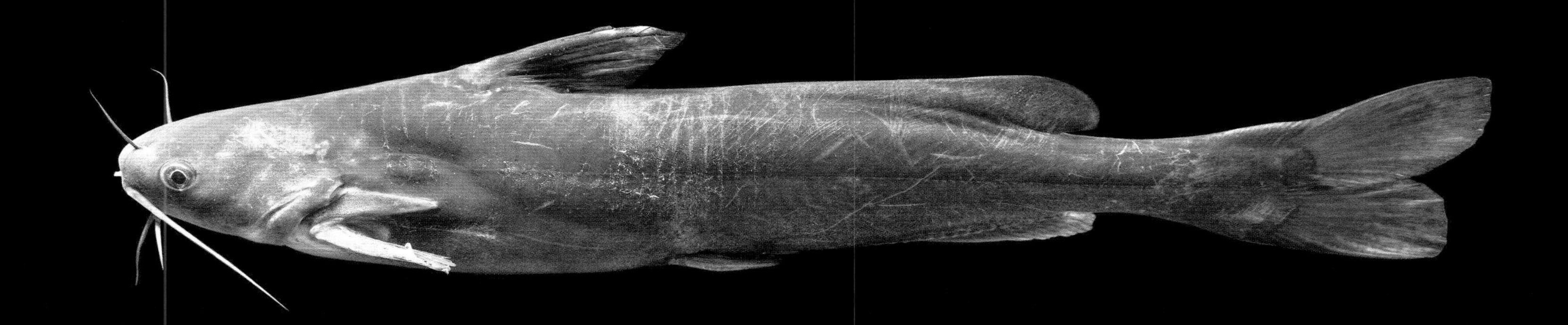

俗名：黄颡鱼、盎丝、江黄颡鱼

体稍延长，前躯略圆，后躯侧扁，尾柄较细长。头略短而纵扁。眼中等大，侧上位。口较小，下位，口裂弧形。上颌突出于下颌之前。须4对：1对颌须，较长；颏须2对；鼻须1对，位于后鼻孔前缘，后端伸越眼后缘。裸露无鳞，皮肤光滑。侧线完全，位于体侧中央。背鳍硬棘前缘光滑，后缘有8~10个弱锯齿。脂鳍基部短，后缘游离。胸鳍侧下位，硬棘前缘光滑，后缘具强锯齿8~12枚。尾鳍后缘深分叉。体背部灰褐色，体侧灰黄色，腹部浅黄色，各鳍灰黑色。

为底层鱼类，喜栖息于江河、湖泊的缓流或静水区域。主要摄食水生昆虫幼虫、小虾及小型鱼类。产卵期为5~6月，卵黏性，黄色。分布于浙江省钱塘江和苕溪水系。

白边拟鲿

Pseudobagrus albomarginatus (Rendahl（de）, 1928)

俗名：汪刺、长尾巴

体延长，前部粗圆，后部侧扁。头中等大，较平扁。口下位，口裂呈弧形。眼小，侧上位。吻短而圆钝。须 4 对，均较短小，体裸露无鳞。侧线完全，较平直。背鳍基较短，其硬棘第 1 根短小，第 2 根发达，前缘光滑，后缘粗糙。脂鳍基长大于臀鳍基长，较肥厚。胸鳍具硬棘，后缘锯齿发达。腹鳍腹位，尾鳍圆形。体背及两侧青灰色，腹部黄白色，各鳍灰黑色，尾鳍边缘黄色。成熟两性形态略有不同，雌鱼体形粗壮，雄鱼明显瘦长。

为小型底层鱼类，主要摄食水生昆虫、小型鱼类、枝角类等。广泛分布于浙江省各水系及其附属水域。

长吻鮠

Leiocassis longirostris（Günther，1864）

俗名：鮠鱼、白吉

体延长，前部粗短，后部侧扁。头较大，吻尖突，锥形。眼小，侧上位。口下位，浅弧形；唇肥厚，上颌在下颌之前。口须 4 对：颌须 1 对，颏须 2 对，鼻须 1 对。体无鳞，皮肤光滑。侧线完全，平直，位于体侧中轴。背鳍具硬棘，前端光滑，后缘具强锯齿。脂鳍较短，后缘游离。臀鳍中长，与脂鳍相对。胸鳍侧下位，硬棘前缘光滑，后缘具锯齿。腹鳍腹位，尾鳍后缘深分叉。体色为粉红色，背部稍暗灰色，腹部白色，各鳍灰黄色。

为凶猛性底层鱼类，喜栖息于水面开阔的江河中。主要摄食水生昆虫、软体动物、甲壳动物、蠕虫及小鱼等。分布于浙江省钱塘江及苕溪水系。

大鳍鳠

Hemibagrus macropterus（Bleeker，1870）

俗名：牛尾巴、江鼠

体细长，前部平扁，后部侧扁。头平扁，吻较钝。口大，亚下位，呈弧形。上颌突出，上、下颌均有绒毛状细齿，列成带状。须 4 对，上颌须可延至胸鳍基部。鼻须 1 对，颏须 2 对，眼中大，侧上位。体裸露无鳞，侧线完全，位于体侧中部。背鳍具光滑无锯齿的硬棘，末端柔软。脂鳍特别长，其基部末端与尾鳍相连。胸鳍具粗壮硬棘，其后缘有粗锯齿，前缘齿细小。尾鳍分叉，背部暗黑色，腹部浅黑色。背鳍、臀鳍、尾鳍浅灰色，其缘均为灰黑色。

为江河性鱼类，喜栖于水流湍急、底质为砾石的水域。主要摄食小鱼、水生昆虫及其幼虫、螺、蚌等。繁殖期为 6~7 月，常产卵于流水浅滩，卵黏附于卵石上。分布于浙江省钱塘江及运河水系。

鳗尾鉠

Liobagrus anguillicauda（Nichols，1926）

体延长，前部略呈柱状，后部侧扁。头部宽阔平扁，头顶皮膜光滑较厚。吻短，圆钝。眼较小，侧上位。口端位，口裂宽大，上颌稍长于下颌，微微向前突出。上、下颌都有绒毛状细齿。有须 4 对：鼻须 1 对，颌须 1 对，颐须 2 对。体裸露无鳞，无侧线。背鳍硬棘细小光滑。脂鳍低，末端与尾鳍基部相连，无缺刻。臀鳍起点与脂鳍起点上下相对。胸鳍具 1 枚尖短光滑的硬棘。腹鳍小，略呈椭圆形。体色棕黄色，腹部灰白色，尾鳍边缘淡黄白色。

为溪流性小型鱼类，喜栖息于水流平稳的岸边浅水卵石缝隙。主要摄食水生昆虫等。分布于浙江省瓯江、椒江、灵江及钱塘江水系上游溪流。

中华纹胸鮡

Glyptothorax sinensis（Regan，1908）

体长形，头部宽而扁平。口宽阔，下位，横裂。上唇具小乳头状突起，下唇薄而光滑。上、下颌均具呈带状排列的圆形小齿。眼小，居头中部的上方，眼有皮膜覆盖。须 4 对，鼻须 1 对较短，末端不达眼；上颌须 1 对，最长，基部扁而薄，末端细；下颌须 2 对，外侧须不达胸鳍基部，内侧须短。背鳍具光滑硬棘，脂鳍长。胸鳍具硬棘，硬棘后缘有发达的锯齿。腹鳍无硬棘。尾鳍叉形。体裸露无鳞。体背呈灰褐色，腹部白色。背鳍和脂鳍下方各有一黑色斑块。各鳍均有黑白相间的条纹。脂鳍末端为白色。

为底栖生活的小型鱼类，喜栖息于急流中，用胸腹面发达的皱褶吸附于石上，能在急流中游动。主要摄食昆虫幼虫。繁殖期 5 ~ 6 月，在急流石滩上产卵，卵黏附于石块上。分布于浙江省各水系的上游。

间下鱵 *Hyporhamphus intermedius*（Cantor，1842）

体细长，圆柱形，尾部稍侧扁。头小，眼大。口较大。上颌无唇，下颌两侧及喙部腹面具皮质瓣膜。下颌向前伸长呈针形。侧线完全，低位。背鳍 1 个，位于背部远后方，基部长。臀鳍起点和背鳍起点相对。胸鳍较长，稍长于吻后头长。腹鳍小，位于腹部后方。尾鳍内凹。体银白色，背部暗绿色，腹部银白色。体侧中上部有 1 条灰黑色的纵带。

为中上层小型鱼类，栖息于河口附近，可进入淡水。主要摄食浮游生物、水生昆虫、有机碎屑等。夜间有趋光习性。分布于浙江省各水系河口及运河、苕溪水系河流中。

青鳉

Oryzias latipes（Temminck et Schlegel，1846）

体细长，侧扁，背部较平直，腹圆浅弧形。头中等大，吻宽短。口小，上位，斜裂。体被圆鳞，无侧线。背鳍 1 个，后位。胸鳍较大，高位。腹鳍较小。臀鳍极长，起点在胸鳍基至尾基之间的中点，其末端接近尾基。尾平截。体青灰色，体侧与腹部银白色。体背具黑色条纹。胸鳍、腹鳍均为浅灰色。臀鳍基两侧有黑色条纹。尾鳍上具黑色小点。

为小型上层鱼类，喜栖息于河流、湖泊、池塘、沟渠及水田等水流平稳的水域中。主要摄食浮游动物、藻类及小型昆虫等。广泛分布于浙江省各水系。

江鲈

Trachidermus fasciatus（Heckel，1837）

体前部平扁，向后渐变细而侧扁。头大，宽而平扁。吻宽而圆钝，背面中央圆突，两侧各具一钝尖鼻棘。眼较小，侧上位。背鳍 2 个，微连，始于胸鳍基底上方。第一背鳍基底短，第二背鳍基底长。胸鳍宽大，圆形，末端伸越肛门。腹鳍胸位，尾鳍后缘稍圆。头、体背部黄褐色，腹部灰白色，吻侧、眼下、眼间隔和头侧具暗色条纹。体侧具 4 ～ 5 条暗褐色横斑。繁殖季节，成鱼头侧鳃盖膜上各有 2 条橘红色斜带，似 4 片鳃外露，故名“四鳃鲈”。

国家二级保护动物，为近岸浅海底层洄游鱼类，栖息于近岸浅海水域和与海相通的水域。为肉食性凶猛鱼类，主要摄食鱼、虾等。4 ～ 6 月，在淡水中生长、育肥，11 月底至翌年 2 月到河口近海繁殖。分布于浙江省沿岸浅海和钱塘江、曹娥江、甬江、鳌江等水系。

俗名：桂鱼、翘嘴鳜、桂花鱼

体高，侧扁，背部隆起，尾柄宽短。头中大，吻尖凸。口大，端位，斜裂，具一辅上颌骨。下颌突出。眼中大，侧上位。侧线完全。背鳍连续。体黑褐色带青黄色，体侧有不规则的暗棕色斑点及斑块，自吻端穿过眼眶至背鳍前下方有 1 条黑色狭纹，背鳍基下方有一暗棕色宽纹，背侧近背鳍基底有 4~5 个黑色横斑。背鳍、臀鳍和尾鳍具黑色点纹，胸鳍和腹鳍浅色。

为典型的凶猛性肉食鱼类，喜栖息于静水或缓流水域。主要摄食鳑鲏、鲫、虾等，幼鱼刚孵出摄食时，就能吞食其他鱼苗。广泛分布于浙江省钱塘江、瓯江、甬江、苕溪和运河等水系。

暗鳜

Siniperca obscura（Nichols，1930）

俗名：铜钱鳜、石头鳜

体侧扁，背部呈弧形。口端位，上、下颌等长或下颌略突出于上颌。上颌骨末端达眼中部的下方。眼较大，前鳃盖骨后缘具较强锯齿，鳃盖骨后缘有 2 个扁平棘齿，上方 1 个不明显。体侧及峡部上部、鳃盖均被较大细鳞。侧线完全。各鳍鳍棘均较强，尤以臀鳍第 2 棘最强大。体黑褐色，体侧有不规则黑斑块或蠕虫形黄白色纵纹。各鳍呈灰色或浅黄色。

为肉食性鱼类，喜栖息于流水环境，主要摄食小型鱼类和虾类。繁殖期在 6~7 月。分布于浙江省钱塘江、瓯江等水系的上游水域。

斑鳜

Siniperca scherzeri (Steindachner, 1892)

俗名：竹筒鳜、桂鱼

体延长，低平，稍侧扁。头中大，吻尖凸。口大，斜裂，具一细长辅上颌骨，下颌略长于上颌。口闭合时，下颌前端齿稍外露。眼中大，侧上位。头、体被小圆鳞。侧线斜直，伸达尾鳍基。背鳍连续，胸鳍宽圆，腹鳍亚胸位，尾鳍圆形。体背侧黄褐色乃至灰褐色，腹部黄白色。头背部及鳃盖上密具暗色小斑。体侧有许多不规则的黑斑块，有的斑块周缘镶以黄色或白色环。

为凶猛肉食性鱼类，常栖息于多砾石的流水环境中。主要摄食小型鱼类，偶食螺和昆虫幼体。主要分布于浙江省钱塘江、瓯江、甬江和灵江等水系。

波纹鳜

Siniperca undulata（Fang et Chong，1932）

体侧扁。口端位。上、下颌等长或下颌稍长，口闭合时，下颌前端齿不外露。上颌骨末端仅达眼中部的下方。犬齿不发达，上颌骨前端数个，下颌两侧各有 1 行。前鳃盖骨后缘和下缘有较粗锯齿，鳃盖骨后缘有 2 个扁平棘齿。体及峡部、鳃盖均被细鳞，侧线完全。各鳍鳍棘较发达。体灰褐色，腹部略灰白。体侧有数条白色的波浪形纵线纹。背鳍最后 4 枚鳍棘下方的侧线上有一大黑圆斑。背鳍两侧数个黑斑块横跨背部连成鞍状斑。背鳍软条部及尾鳍上布有数行黑点。

为凶猛肉食性鱼类，常栖息于砾石或沙质底的水域中。主要摄食小鱼和虾。繁殖盛期为 6~7 月。分布于浙江省钱塘江水系。

大眼鳜

Siniperca kneri（Garman，1912）

俗名：土桂鱼、桂花鱼

体延长，侧扁，眼后背部平斜。头长，吻尖凸。口大，斜裂。具一辅上颌骨。眼大，侧上位。体被细小圆鳞。侧线完全，浅弧形弯曲，伸达尾鳍基。背鳍连续，胸鳍略呈圆形，腹鳍亚胸位，尾鳍圆形。体灰褐色或青黄色，具不规则黑点和黑斑。吻端经眼至背鳍第 3 棘下方具 1 条黑色斜带，背侧面有 5~6 条不明显横纹。背鳍、臀鳍和尾鳍均具黑色点纹。

为凶猛肉食性鱼类，喜栖息于流水环境中，多在草丛间活动。主要摄食小鱼和虾。分布浙江省钱塘江及苕溪水系。

体鳜

Coreosiniperca roulei（Wu，1930）

体延长，稍侧扁，亚圆筒形，背部浅弧形，腹面较平直。头中大，高与宽约相等。吻尖长。口大，口裂低斜。具一辅上颌骨。下颌突出。眼大，侧上位。体被细小圆鳞。侧线完全，浅弧形，伸达尾鳍基。背鳍连续，鳍棘部和鳍条部之间有一缺刻，起点始于胸鳍基上方。臀鳍起点位于背鳍最后鳍棘下方。胸鳍圆形，尾鳍圆形。体黄褐色，有4~5条垂直暗斑。头背及体侧具不规则黑点和黑斑。背鳍、尾鳍、臀鳍和腹鳍均具黑色点纹；胸鳍浅灰色，基底具半月形斑纹。

为凶猛肉食性鱼类，栖息于江河缓流区，主要摄食鱼虾。4月中旬至6月为其产卵期。分布于浙江省钱塘江水系的中游。

河川沙塘鳢

Odontobutis potamophila（Günther，1868）

俗名：塘鳢、土布鱼、沙鳢、沙塘鳢

体延长，前部粗壮，后部稍侧扁。头大，稍平扁。吻圆钝。口近端位，口裂斜，下颌突出。眼小，眼间距稍宽。背鳍2个，第1背鳍的鳍棘均细弱，始于胸鳍基后上方，第2背鳍高于第1背鳍。胸鳍宽圆，腹鳍胸位，尾鳍圆形。 体黑褐色，有3～4个鞍形斑横跨背部至体侧，头胸部腹面有许多浅色黑斑或黑点。各鳍具多行暗色点纹，胸鳍基部黑色。

为底层肉食性鱼类，喜栖息于湖泊、河沟多水草的浅水区，以及洞穴、石缝、杂草丛中和有一定流水的区域。主要摄食小虾，兼食小型鱼类和水生昆虫幼虫。繁殖期为4～5月，卵有黏性，雄鱼有守巢护卵习性。广泛分布于浙江省各水系。

尖头塘鳢

Eleotris oxycephala（Temminck et Schlegel，1845）

体延长，前部呈圆柱形，后部侧扁。头不甚宽钝，前半部平扁。吻稍钝，口近端位，下颌突出于上颌，口裂斜。眼小，侧上位。背鳍 2 个，第 1 背鳍倒伏时可达第 2 背鳍。胸鳍扇形，腹鳍胸位，分离。臀鳍起点在第 2 背鳍第 1~2 分支鳍条的下方，尾鳍圆形。头部及颈背被圆鳞，体被栉鳞，无侧线。体棕褐色，体下侧部有数条不明显的褐色纵线纹。自吻端经眼至鳃盖上方有 1 条黑色线纹。自眼后缘至前鳃盖骨亦有 1 条黑色线纹。胸鳍基底有 2 条粗短褐色斑纹。各鳍均有暗色点列。

为底层肉食性鱼类，喜栖于江河的溪流中。主要摄食小虾，兼食小型鱼类和水生昆虫幼虫。1 龄鱼即达性成熟，繁殖期为 5~6 月。卵有黏性，产出后即附着在巢穴的内壁上。雄鱼有护卵习性。分布于浙江省钱塘江、曹娥江、甬江、灵江、瓯江等水系。

戴氏吻虾虎鱼

Rhinogobius davidi（Sauvage & Dabry，1874）

体延长，前部呈圆柱形，后部侧扁。头中大，稍平扁，头宽大于头高。吻圆钝，口端位，上、下颌等长，眼中大，侧上位。第 1 背鳍的第 2 和第 3 棘最长，倒伏时可达第 2 背鳍起点；第 2 背鳍较高，最后鳍条稍长，倒伏时不达尾鳍基。无侧线。腹鳍胸位，左右愈合成一圆形吸盘。尾鳍圆形。头、体呈深灰色或深褐色，通体布有小黑斑，峡部斑点通常较为明显，个别种群峡部斑点色彩较浅，呈不规则状，眼下有 1 条深色条纹延伸至口裂处。

小型鱼类，栖息于溪流环境中。分布于浙江省钱塘江、瓯江水系。

黑吻虾虎鱼

Rhinogobius niger（Huang, Chen & Shao, 2016）

体延长，前部圆柱形，后部侧扁。头平且宽，吻圆钝，口端位。上颌略突出于下颌。眼上位，雄体第 1 背鳍鳍条倒伏时可达第 2 背鳍的第 2 ~ 3 分支鳍条处，雌体不发达。胸鳍宽大，呈扇形。左右腹鳍愈合，呈圆盘状。尾鳍圆形。无侧线。体灰褐色，体侧有数个不规则的暗色斑块，有时背部亦有数个鞍形斑。

栖息于溪流中，主要摄食水生昆虫幼虫。分布于浙江省曹娥江、鳌江等水系。

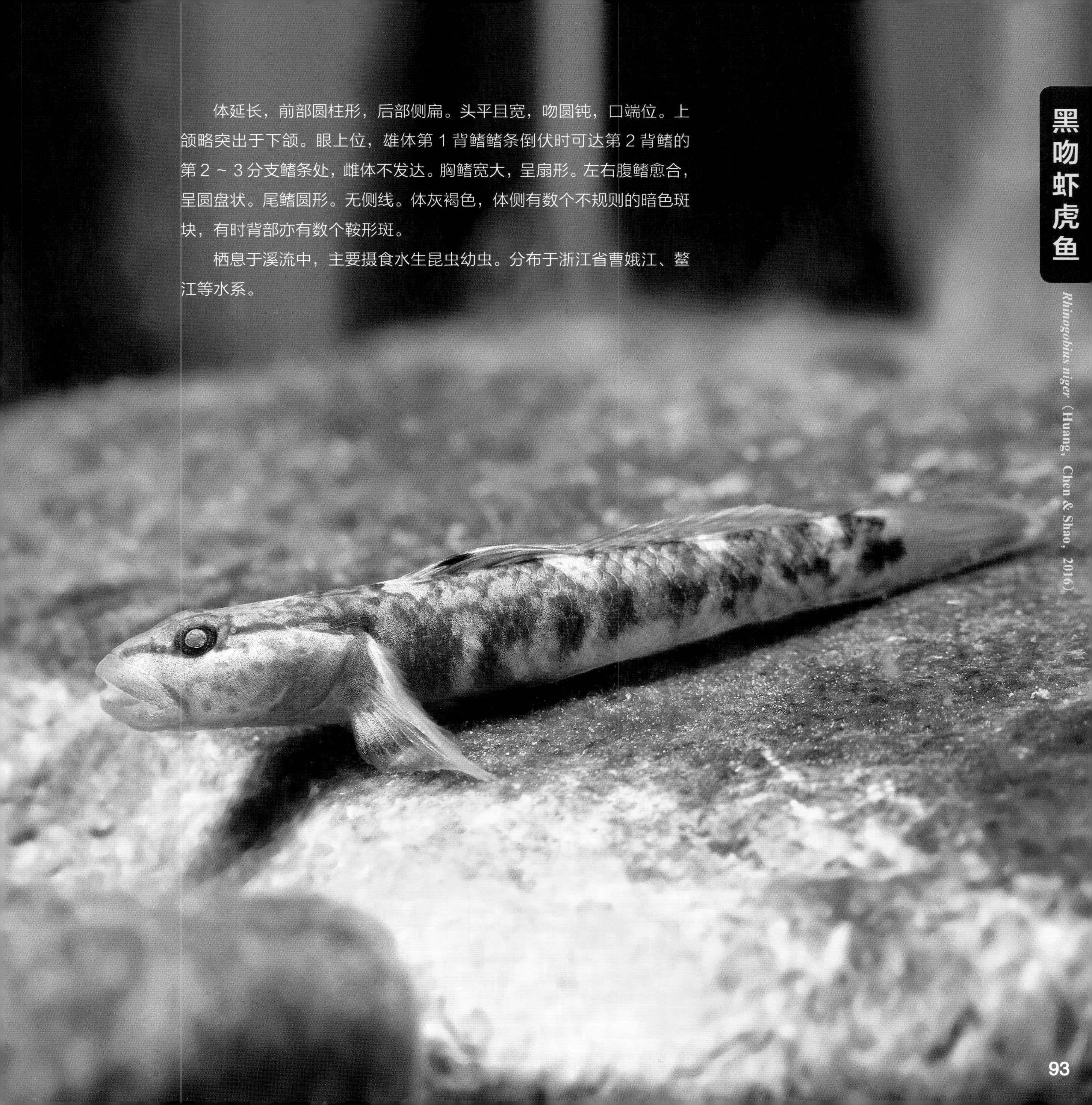

李氏吻虾虎鱼

Rhinogobius leaveli（Herre，1935）

体延长，前部近圆筒形，后部稍侧扁；头中大，吻圆钝，上颌稍突出；背鳍2个，第1背鳍呈方形，第2背鳍倒伏时不伸达尾鳍基。腹鳍宽大，尾鳍边缘近圆形。体呈浅黄褐色，6～7个鞍形暗色斑横跨背部，体侧有数个暗色斑，眼前缘有1条深褐色条纹向前伸达吻端。

栖息于溪流中，主要以水生昆虫幼虫为食，繁殖期为4～7月，卵具黏性。分布于浙江省苕溪、瓯江、椒江、灵江、飞云江、鳌江等水系。

密点吻虾虎鱼

Rhinogobius multimaculatus (Wu et Zheng, 1935)

体延长，前部稍平扁，后部侧扁。头中大，吻圆钝。口中大，端位。眼角小，侧上位。背鳍2个，第1背鳍倒伏时超越第2背鳍起点。胸鳍宽大。腹鳍愈合，呈圆形吸盘状。尾鳍圆形，无侧线。头及体棕褐色，头部颜色稍深，全体具许多小黑斑点。头部、体前部及胸鳍基底部的黑斑细小且密集；体后部黑斑较大，位于每个鳞片的基部，呈规则排列。腹部浅色，无小黑斑，背鳍和尾鳍灰黑色。

为淡水小型鱼类，栖息于溪流中。分布于浙江省苕溪水系。

武义吻虾虎鱼

Rhinogobius wuyiensis（Li & Zhong，2007）

体延长，前部亚圆筒状，后部侧扁。头大，吻圆钝，口中大，上颌稍突出。体被中弱栉鳞，前部鳞小，后部鳞较大。头部、胸鳍基部和腹鳍前方裸露无鳞。第 1 背鳍具 6 鳍棘；第 2 背鳍具 1 鳍棘，8 ~ 9 枚鳍条。腹鳍圆盘状。头、体浅褐色，体部具 7 ~ 9 个狭长斑块，头部眼前缘有红棕色细纹延伸至近上唇部相交。尾鳍基具一黑斑。

为淡水小型鱼类，栖息于溪流中。主要摄食幼鱼和水生昆虫幼体。分布于浙江省武义县武义江的溪流中。

叉尾斗鱼

Macropodus opercularis（Linnaeus，1758）

体侧扁，呈长椭圆形，背腹凸出，略呈浅弧形。头侧扁。吻短突。眼大而圆，侧上位。尾鳍叉形。体侧具深蓝色横带 10 余条，鳃盖后缘有一深蓝色圆斑。自吻端至眼下，自眼后至鳃盖各具一暗色斜带。雄鱼成熟后背鳍、臀鳍、尾鳍末端修尖。腹鳍微红，有绿色斑点。胸鳍淡色。

为小型淡水鱼类，栖息于河流、湖泊、池塘和沟渠等。主要摄食浮游动物、水生昆虫及其幼体。繁殖季节为 5 ~ 6 月，雄鱼在水草丛中吐出气泡，雌鱼将卵产于气泡群中，卵浮性。雄鱼保护受精卵，直至其孵化发育为自由活动的小鱼。分布于浙江省温州的文成、瑞安及平阳等市（县）水域。

圆尾斗鱼

Macropodus ocellatus（Cantor，1842）

体较短，侧扁，略呈方形，头较大。吻短而尖。口上位，尾鳍圆形。体侧约有 10 条暗色横斑，在繁殖期横斑呈青蓝色。鳃盖后上方有一大型青蓝色圆斑。背鳍、臀鳍及尾鳍呈浅的暗棕红色，各鳍的鳍膜有蓝绿色小点散布其上。

为小型淡水鱼类，栖息于河流、湖泊、池塘和沟渠等。主要摄食浮游动物、水生昆虫及其幼体。分布于浙江省杭嘉湖平原、宁绍平原及台州平原等地区的水域。

乌鳢

Channa argus（Cantor，1842）

俗名：黑鱼、乌鱼

体延长，前部圆筒状，尾部侧扁，头长，前部扁平，后部隆起，头顶宽而平。吻短，圆钝。口大，端位，斜裂。眼较小，侧上位。头、体均被圆鳞，侧线平直。体灰黑色，腹部浅色。体侧具有许多不规则黑斑，在体侧中间的 2 行较大，近背腹两侧的较小，斑块相互交叉呈嵌合状。头部有 3 条黑色纵带，上侧 1 条自吻端越过眼眶伸至鳃孔上角，下侧 2 条自眼下方沿头侧伸至胸鳍基。背鳍、臀鳍及尾鳍上都有浅色斑点。

为底层肉食性鱼类，栖息于河流、湖泊、池塘等较宽大的静水水域中，只有少数偶尔进入江河溪流中生活。成鱼主要以捕食鱼虾等为食。广泛分布于浙江省各水系。

中华刺鳅

Mastacembelus sinensis（Bleeker，1870）

俗名：刀鳅

体细长，侧扁，背腹缘低平，尾部扁薄。头侧扁而尖长，吻长而尖。口前位，口裂很深，延至眼前缘的下方，上颌长于下颌。上、下颌均具绒毛状齿带。眼侧上位，位于头的前半部，有透明皮膜覆盖。眼间距狭小而向上隆起。眼前下方有一硬棘，刺尖向后。背部黑褐色，两侧灰黑色，腹部淡黄色，背、腹部有许多网状花斑。两侧有 10 多条垂直黑斑。胸鳍淡黄色，其他各鳍灰黑色。

栖息于水流平稳的沿岸水域，主要以底栖动物、虾类和附着硅藻为食。浙江省各水系均有分布。